Abdullah Rasheed Qureshi

Impacto das propriedades mecânicas na capacidade de perfuração da rocha

Abdullah Rasheed Qureshi

Impacto das propriedades mecânicas na capacidade de perfuração da rocha

Com base em estudos laboratoriais e investigações no terreno

ScienciaScripts

Imprint

Any brand names and product names mentioned in this book are subject to trademark, brand or patent protection and are trademarks or registered trademarks of their respective holders. The use of brand names, product names, common names, trade names, product descriptions etc. even without a particular marking in this work is in no way to be construed to mean that such names may be regarded as unrestricted in respect of trademark and brand protection legislation and could thus be used by anyone.

Cover image: www.ingimage.com

This book is a translation from the original published under ISBN 978-3-659-48570-1.

Publisher:
Sciencia Scripts
is a trademark of
Dodo Books Indian Ocean Ltd. and OmniScriptum S.R.L publishing group

120 High Road, East Finchley, London, N2 9ED, United Kingdom
Str. Armeneasca 28/1, office 1, Chisinau MD-2012, Republic of Moldova, Europe
Printed at: see last page
ISBN: 978-620-7-63191-9

DEDICAÇÃO

"Dedico este trabalho aos meus pais, mulher e filhos pelo seu amor e apoio."

<u>RECONHECIMENTO</u>

Graças a todo-poderoso ALLAH, misericordioso, compassivo, gracioso e benéfico, cuja ajuda me permitiu concluir este projeto.

Agradeço aos meus professores, colegas, amigos e, mais especificamente, aos profissionais das pedreiras das indústrias cimenteiras.

Resumo

A perfuração é uma das operações primitivas e comuns no sector da escavação de rochas, desde a prospeção à exploração. As rochas são perfuradas para diversos fins, tais como exploração geológica, furos de desmonte para produção de minérios, para aparafusamento de rochas, núcleos de rocha para determinação de parâmetros geotécnicos e escavação de rochas para construções civis.

Um dos problemas mais importantes de qualquer trabalho de perfuração é prever o desempenho das perfuradoras de rocha durante a operação. O conhecimento da capacidade de perfuração das rochas é necessário para prever o custo e o tempo de escavação dos minerais, o que constitui uma base para a elaboração de orçamentos para efeitos de planeamento, de modo a que possa ser selecionada a máquina de perfuração adequada às rochas.

O método anterior de previsão da capacidade de perfuração das rochas utiliza a resistência à compressão como critério de comparação da taxa de perfuração de várias rochas, mas a investigação subsequente demonstrou que outras propriedades das rochas, como a resistência à tração, a resistência ao corte e a dureza de impacto, contribuem para a capacidade global de perfuração das rochas. Nenhuma propriedade da rocha constitui, por si só, uma medida da capacidade de perfuração das rochas, pois todas as propriedades geotécnicas da rocha contribuem, de uma forma ou de outra, para o desempenho da perfuração.

Neste estudo, tentou-se correlacionar a capacidade de perfuração de certas rochas com as suas propriedades mecânicas, tais como a resistência à compressão, a resistência à tração, o número de ressalto do martelo Schmidt e o número de dureza Shore, a fim de estabelecer a taxa de penetração. Esta investigação envolve tanto experiências laboratoriais como o exame no terreno de equipamentos de perfuração.

O trabalho laboratorial inclui a determinação de várias propriedades mecânicas. A resistência à compressão e à tração do espécime de rocha foi determinada de acordo com o procedimento ASTM, utilizando a máquina de ensaio universal. O teste do martelo de Schmidt foi efectuado no espécime de rocha, fixando-o nas placas de carga da UTM. O ensaio de dureza Shore foi efectuado em amostras de disco cuidadosamente preparadas para o efeito. O ensaio foi efectuado de acordo com o procedimento normalizado.

Para o estudo de campo, foram seleccionadas diferentes pedreiras de calcário, incluindo as fábricas Lucky Cement, Attock Cement e Al-Abbas Cement. Todos os equipamentos de perfuração observados tinham características semelhantes; por exemplo, potência, binário, impulso, velocidade de rotação, brocas e funcionavam com compressores de ar com a mesma capacidade. O tempo de penetração foi registado cuidadosamente com um cronómetro, excluindo o tempo de paragem.

ÍNDICE

CAPÍTULO 1

INTRODUÇÃO

1.1 ANTECEDENTES

A perfuração é uma das operações pré-históricas e comuns nas indústrias de escavação de rochas, desde a exploração até à exploração de minerais, petróleo e água. As rochas são perfuradas para diversos fins, tais como a exploração geológica, o furo de desmonte para a produção de minerais, o aparafusamento de rochas, os núcleos de rocha para a determinação de parâmetros geotécnicos e a escavação de rochas para construções civis. O conhecimento da capacidade de perfuração das rochas é necessário para prever o custo da escavação de minerais, o que constitui uma base para a elaboração de orçamentos para efeitos de planeamento, de modo a que possa ser selecionada a máquina de perfuração adequada para as rochas.

Além disso, a entrada de energia na rocha influencia diretamente o tipo de fratura e de rutura que se desenvolve na rocha. Nenhuma propriedade da rocha constitui, por si só, uma medida da capacidade de perfuração das rochas, mas todas as propriedades geotécnicas da rocha contribuem, de uma forma ou de outra, para o desempenho da perfuração. Os parâmetros que mais influenciam a perfuração são as propriedades físico-mecânicas da rocha, a forma da ferramenta de corte, a magnitude das forças de perfuração que actuam na interface entre a broca e a rocha e a taxa de descarga. O desempenho de um sistema de perfuração é geralmente representado pela capacidade de perfuração das rochas, que é definida como a taxa real ou projectada de penetração num determinado tipo de rocha. Assim, é necessário um estudo detalhado da relação entre a taxa de penetração e as várias propriedades da rocha para diferentes parâmetros de perfuração, a fim de realizar uma perfuração económica e eficiente.

Na exploração de pedreiras, a perfuração, enquanto fase inicial das operações de exploração, tem um papel significativo nas restantes fases de exploração. Tendo em conta os elevados custos de exploração, bem como as despesas com a maquinaria, seria desejável o reconhecimento total dos parâmetros envolvidos na perfuração e uma tentativa de otimizar os métodos de exploração. Uma perfuração mais eficiente resultaria numa detonação adequada, numa fragmentação desejada, bem como numa diminuição dos custos de exploração.

A perfuração, tal como as outras fases de exploração, tem uma relação direta e estreita com o maciço rochoso, pelo que seria afetada pelas características geo-mecânicas do material rochoso, bem como pelo maciço rochoso. Por conseguinte, o reconhecimento do ambiente de perfuração e das propriedades do maciço rochoso in situ seria de grande ajuda na escolha do tipo adequado de sistema de perfuração, do número de perfuradoras e da taxa de produção da mina.

1.2   DECLARAÇÃO DO PROBLEMA

A capacidade de perfuração das rochas manifesta-se devido a várias propriedades mecânicas da rocha. A avaliação da capacidade de perfuração ou penetrabilidade é a questão mais importante para os fabricantes e operadores de equipamento de perfuração. Infelizmente, não existe um método direto de medição da capacidade de perfuração, mas esta pode ser medida através da correlação empírica de várias propriedades mecânicas das rochas.

1.3   OBJECTIVO DO ESTUDO

O objetivo do estudo é prever o desempenho das perfuradoras de rocha durante a operação. A informação sobre a capacidade de perfuração de rochas é necessária para prever o custo e o tempo de escavação de minérios, o que constitui uma base para a elaboração de orçamentos para efeitos de planeamento, de modo a poder selecionar a máquina de perfuração mais adequada para as rochas.

O método anterior de previsão da capacidade de perfuração das rochas utiliza a resistência à compressão como critério de comparação da taxa de perfuração de várias rochas, mas a investigação subsequente demonstrou que outras propriedades das rochas, como a resistência à tração, a resistência ao corte e a dureza de impacto, contribuem para a capacidade global de perfuração das rochas. Nenhuma propriedade da rocha constitui, por si só, uma medida da capacidade de perfuração das rochas; de facto, todas as propriedades geotécnicas da rocha contribuem, de uma forma ou de outra, para o desempenho da perfuração.

1.4   METODOLOGIA EXPERIMENTAL

Neste estudo, tentou-se correlacionar a capacidade de perfuração de certas rochas com as suas propriedades mecânicas, tais como a resistência à compressão, a resistência à tração, o número de ressalto do martelo Schmidt e o número de dureza Shore, a fim de estabelecer a taxa de penetração. Esta investigação envolve experiências laboratoriais e o exame no terreno de equipamentos de perfuração.

O trabalho de laboratório inclui a determinação de várias propriedades mecânicas. A resistência à compressão e à tração do espécime de rocha foi determinada de acordo com o procedimento ASTM, utilizando a máquina de ensaio universal. O teste do martelo de Schmidt foi efectuado no espécime de rocha, fixando-o nas placas de carga da UTM. O ensaio de dureza Shore foi efectuado em amostras de disco cuidadosamente preparadas para o efeito. O ensaio foi efectuado de acordo com o procedimento normalizado.

Para o estudo de campo, foram seleccionados diferentes locais de pedreiras de calcário, incluindo as fábricas Lucky Cement, Attack Cement e Al-Abbas Cement. Todos os equipamentos de perfuração observados tinham características semelhantes; por exemplo, potência, binário, impulso, velocidade de rotação, brocas e funcionavam com compressores de ar com a mesma capacidade. O tempo de penetração foi registado cuidadosamente com um cronómetro, excluindo o tempo de paragem.

CAPÍTULO 2

PROPRIEDADES MECÂNICAS DAS ROCHAS

2.1 PROPRIEDADES DE RESISTÊNCIA DAS ROCHAS

2.1.1 RESISTÊNCIA À COMPRESSÃO UNI-AXIAL (UCS)

O UCS é, com toda a certeza, a propriedade geotécnica mais frequentemente citada na prática da engenharia de rochas. É amplamente considerado como um índice aproximado que dá uma primeira aproximação da gama de questões que são susceptíveis de serem encontradas numa variedade de problemas de engenharia, incluindo suportes de telhado, conceção de pilares e técnica de escavação.

A UCS pode ser descrita como: a resistência da rocha geralmente medida carregando o espécime cilíndrico preparado em compressão até à sua falha. Deve ser calculada dividindo a carga máxima suportada pelo provete durante o ensaio pela área da secção transversal original. A área da secção transversal pode ser calculada através das dimensões do provete. **2.1.2 RESISTÊNCIA À TRACÇÃO**

Pode definir-se como a resistência de um corpo a forças de tração que tendem a separá-lo. O termo é também utilizado para definir a tensão de tração máxima, referida como a força por unidade de área a que um corpo pode resistir antes de se romper.

2.1.3 RESISTÊNCIA À COMPRESSÃO TRIAXIAL

O maciço rochoso é submetido a uma pressão de todas as direcções. Neste ensaio, mantemos a pressão de confinamento constante e aumentamos a força de compressão lentamente até o espécime falhar.

Na escavação real, em cada local do maciço rochoso, a rocha está sujeita a forças confinantes de todas as direcções. Em laboratório, a pressão lateral que actua sobre a rocha é conhecida como pressão hidrostática, que provoca a rotura da rocha.

2.1.4 MÓDULO DE ELASTICIDADE DE YOUNG

O módulo de elasticidade dá uma ideia sobre a elasticidade do material, por outras palavras, é a relação linear entre a tensão e a deformação. De acordo com a lei de Hook, a deformação é diretamente proporcional à tensão.

Existem os seguintes métodos comuns para calcular o Módulo de Elasticidade de Young sugeridos pelo ISRM (1981).

1. A relação entre uma resistência à compressão final e a deformação correspondente.

2. Anotando o declive da reta tangente à curva tensão-deformação a 50% da resistência à compressão final.

2.1.5 ELASTICIDADE

É a propriedade mecânica da rocha e pode ser definida como: quando uma massa rochosa é sujeita a uma determinada carga, que tende a alterar as dimensões da massa rochosa. Esta regressa à sua posição original quando a carga é removida.

2.1.6 PLASTICIDADE

É a propriedade mecânica da rocha e pode ser definida como: quando um maciço rochoso está sujeito a uma propriedade elástica e quando a carga é aumentada, o maciço rochoso parte-se ou podem aparecer algumas fissuras, o que se designa por Plasticidade.

2.1.7 ABRASIVIDADE

A abrasividade é a capacidade de as rochas desgastarem a superfície de contacto de outro corpo mais duro, no processo de fricção ou abrasão durante o movimento. Esta propriedade tem grande influência na vida útil da broca.

Os factores que aumentam as capacidades abrasivas das rochas são os seguintes:

*   A dureza dos grãos da rocha. As rochas que contêm grãos de quartzo são muito abrasivas.

*   A forma dos grãos. Os angulares são mais abrasivos do que os redondos.

*   O tamanho dos grãos.

*   A porosidade da rocha. Proporciona superfícies de contacto rugosas com concentrações locais de tensões.

*   A heterogeneidade. As rochas poliminerais, embora sejam igualmente duras, são mais abrasivas porque deixam superfícies rugosas com grãos duros como, por exemplo,

os grãos de quartzo no granito.

2.1.8 TEXTURA

A textura de uma rocha refere-se à estrutura dos grãos ou minerais que a constituem. As dimensões dos grãos são uma indicação, bem como a sua forma, porosidade, etc. Todos estes aspectos têm uma influência significativa no desempenho da perfuração. Quando os grãos têm uma forma lenticular, como no xisto, a perfuração é mais difícil do que quando são redondos, como no arenito. O tipo de material que constitui a matriz da rocha e une os grãos minerais também tem uma influência importante. Relativamente à porosidade, as rochas que têm baixa densidade e, consequentemente, são mais porosas, têm baixa resistência ao esmagamento e são mais fáceis de perfurar.

2.1.9 DUREZA

A dureza é uma caraterística de um material e não uma propriedade física fundamental. É definida simplesmente como a resistência à indentação e é determinada pela medição da profundidade ou largura permanente de uma indentação de ensaio. Quando se utiliza uma força fixa (carga)* e um determinado indentador, quanto mais pequena for a indentação, mais duro é o material. Embora o conceito seja extremamente simples, o valor da dureza de indentação é obtido através da utilização de um de mais de 12 métodos de ensaio diferentes.

2.1.9.1   DUREZA DE INDENTAÇÃO

O ensaio de dureza por indentação em ISRM requer um sistema de carga com uma capacidade de 30 Kn e um prato cónico com um cone de 60_ e uma ponta esférica de 5 mm de raio, pelo que o aparelho de carga pontual é adequado para este fim. Depois de ligar um relógio comparador ao aparelho de carga pontual para medir a penetração, podem ser efectuados ensaios de dureza por indentação.

2.1.9.2   DUREZA DA COSTA

O sistema de dureza Shore pode ser medido através do instrumento de teste de dureza Shore. Um martelo com ponta de diamante de 36 gramas é deixado cair de uma determinada altura sobre o espécime e a leitura é registada na escala de medição. Não utilizar o mesmo ponto do espécime durante a medição.

2.2   SISTEMA DE MEDIÇÃO

2.2.1 ENSAIO DE COMPRESSÃO UNIAXIAL

O UCS é um dos parâmetros mais básicos da resistência das rochas e a determinação mais comum efectuada para a previsão da capacidade de perfuração. É medido de acordo com os procedimentos indicados na norma ASTM D2938, com o rácio comprimento/diâmetro de 2, utilizando amostras de núcleo de tamanho NX. Recomenda-se a realização de 3 a 5 determinações de UCS para obter significância estatística dos resultados. Se a relação entre o comprimento e o diâmetro da amostra for superior ou inferior a 2, a ASTM recomenda um fator de correção que é aplicado ao valor UCS determinado a partir dos ensaios. As medições do UCS são efectuadas utilizando uma máquina de ensaios rígidos MTS controlada por servo eletrónico com uma capacidade de 220 kips. O UCS é determinado por meio de uma máquina UTM como na Figura 2.1

A resistência à compressão não confinada do provete é calculada dividindo a carga máxima à rotura pela área da secção transversal da amostra:σ

$$\sigma_c = \frac{F}{A}$$

Onde:

σ_c = Resistência à compressão não confinada (psi)

F = Carga máxima de rutura (lbs)

A = Área da secção transversal da amostra central (em)

Figura 2.1 Máquina universal de ensaios (UTM)

2.2.2 ENSAIOS DE TRACÇÃO INDIRECTOS

A resistência à tração indireta ou brasileira é medida utilizando amostras de núcleo de tamanho NX cortadas com uma relação comprimento/diâmetro de aproximadamente 0,5 e seguindo os procedimentos da norma ASTM D3967. As medições BTS são feitas utilizando uma máquina de ensaios rígidos MTS controlada por servo eletrónico com uma capacidade de 220 kips. Os dados de carga e outros parâmetros de ensaio são registados com um sistema de aquisição de dados baseado em computador e os dados são subsequentemente reduzidos e analisados com um programa de folha de cálculo personalizado.

A BTS fornece uma medida da dureza da rocha, bem como da resistência. A resistência à tração indireta é calculada da seguinte forma:

$$\sigma_T = \frac{2.F}{\pi.L.D}$$

Onde:

σ_T = Resistência à tração brasileira (psi)

D = Diâmetro da amostra central (in) **F** = Carga máxima de rutura (lbs) **L** = Comprimento da amostra central (in)

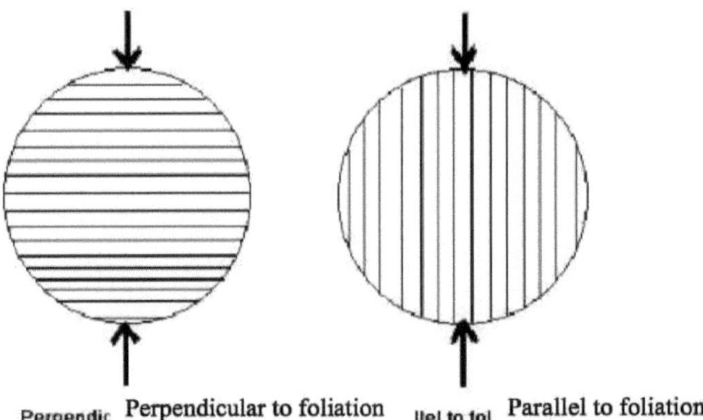

Figura 2.2 Foliação na rocha

Nas rochas acamadas/foliadas, deve ser dada especial atenção à direção da carga em relação ao acamamento/foliação. A rocha deve ser carregada de modo a que a rutura ocorra aproximadamente na mesma direção que a propagação da fratura entre cortes adjacentes na face do túnel. Esta é uma avaliação muito importante na escavação mecânica com máquinas de perfuração de túneis.

2.2.3 ENSAIO TRI-AXIAL

Este tipo de ensaio simula o comportamento da rocha no subsolo, pois aplica uma pressão de confinamento significativa à amostra durante o carregamento. É efectuado de acordo com a norma ASTM D2664. São efectuados cinco ensaios, cada um com uma pressão de confinamento diferente. As resistências das amostras resultantes são representadas numa curva de diferença de tensão versus deformação axial e num círculo de Mohr, para determinar os critérios de rotura para o tipo de rocha.

O objetivo deste ensaio é estabelecer a resistência de pico de um espécime cilíndrico de rocha sob carga tri-axial. O ensaio fornece dados úteis para a determinação das propriedades de resistência da substância rochosa, nomeadamente a resistência ao cisalhamento de pico a várias pressões laterais, coeficientes de atrito e intercepções de coesão. Os métodos de ensaio não prevêem a medição da pressão dos poros, pelo que os valores de resistência determinados são em termos de tensão total. Todos os procedimentos de determinação da resistência à compressão tri-axial da substância rochosa baseiam-se nas normas ASTM adequadas (4).

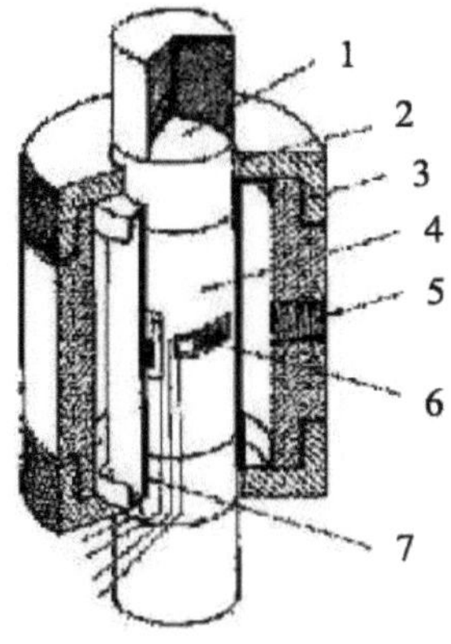

1. Espátulas esféricas em aço temperado e rectificado
2. Espaço livre
3. Corpo da célula em aço macio
4. Espécime de rocha
5. Entrada de óleo
6. Medidores de tensão
7. Luva de borracha para vedação

Figura 2.3 Ensaio Tri-Axial

2.2.4 ÍNDICE DE ABRASIVIDADE CERCAR

Este teste mede a abrasividade da rocha para determinar o desgaste e os custos do cortador. Uma série de pinos de aço afiados de uma liga de aço de dureza conhecida é puxada através de uma superfície recém-quebrada da rocha. As dimensões médias dos planos de desgaste resultantes estão diretamente relacionadas com a vida útil da fresa em funcionamento no terreno. A geometria da escavação planeada permite então calcular o desgaste esperado da fresa por unidade de distância do seu percurso. Este teste pode ser efectuado em pedaços de rocha irregulares com uma polegada de diâmetro.

A amostra de rocha é fixada num suporte com a superfície fresca virada para cima. Um pino cónico de aço endurecido a 90°, fixado numa cabeça de 7,5 kg, é colocado cuidadosamente sobre a superfície fresca e arrastado 1 cm através dela em 1 segundo. Isto é repetido para um total de cinco pinos.

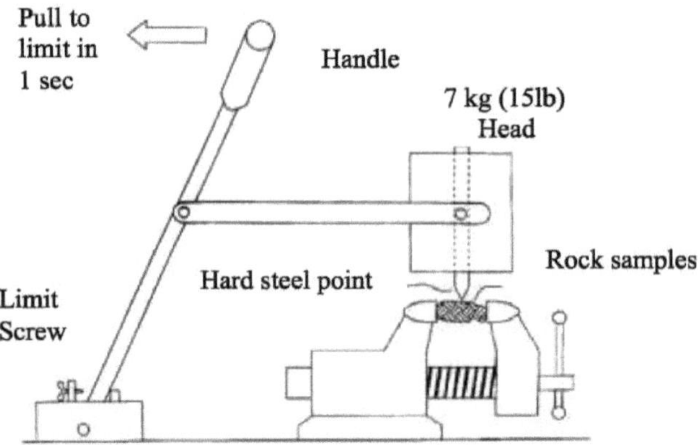

Figura 2.4 Ensaio do índice de abrasividade Cerchar (CAI)

O índice de abrasividade Cerchar (CAI) é então calculado como:

$$CAI = 0.0254 \sum_{i=1}^{10} d_i$$

Onde, di = diâmetro do pino (mícron)

2.2.5 TESTE DE PENETRAÇÃO COM PUNÇÃO

Neste ensaio, um indentador cónico padrão é pressionado numa amostra de rocha que foi moldada num anel de aço confinante. A carga e o deslocamento do indentador são registados por um sistema informático. O declive da curva força-penetração indica a escavatibilidade da rocha, ou seja, a energia necessária para uma fragmentação eficiente. Esta é afetada pela rigidez, fragilidade e porosidade da amostra

2.2.6 ANÁLISE PETROGRÁFICA EM SECÇÃO FINA

A análise petrográfica de secções finas fornece informações úteis sobre as características microscópicas da rocha, que podem ter um impacto significativo no seu comportamento de perfuração. Existem numerosas histórias de casos de campo em que a TBM não conseguiu atingir o desempenho esperado devido a uma ou mais características invulgares exibidas pela formação rochosa, que não poderiam ter sido previstas a menos que os dados da análise petrográfica estivessem disponíveis. Estas características "invulgares" incluem a sutura/interbloqueio de grãos, determinado alinhamento/orientação de minerais duros, matriz apertada, micro-fracturas, etc.

16

2.2.7 A DUREZA DO MOH

O tempo de vida do cortador também pode ser estimado a partir das percentagens relativas de minerais de várias classes de dureza de Moh (>7, 6, 4 a 5 e <4). Isto é determinado pelo exame manual de superfícies de rocha fresca. Quanto mais elevada for a percentagem de minerais mais duros, mais abrasiva será a rocha e mais curta será a vida útil da fresa.

2.2.8 DUREZA SHORE DO SCELEROSCÓPIO

Este ensaio mede a dureza de ressalto de uma amostra de rocha através do impacto e ressalto de um pequeno pêndulo com ponta de diamante. O pêndulo cai livremente através de um tubo liso para atingir a amostra de rocha, que é mantida por uma bigorna de aço. A altura do ressalto do pêndulo é uma função da dureza de ressalto da rocha.

2.2.9 DUREZA DO MARTELO SCHMIDT

Este ensaio mede a dureza de ricochete de um espécime de rocha através do ricochete de um pistão de impacto que atinge a rocha, que é mantida por uma bigorna de aço. O pistão é acionado por um conjunto de molas no interior do martelo, que armazenam e libertam energia enquanto se pressiona o martelo manualmente sobre a amostra. O ensaio foi originalmente desenvolvido como uma medida rápida da resistência à compressão do betão e mais tarde foi alargado para estimar a dureza da rocha

2.2.10 ENSAIO DE CARGA PONTUAL

O ensaio de resistência à carga pontual tem como objetivo ser um ensaio índice para a classificação da resistência dos materiais rochosos. Pode também ser utilizado para prever outros parâmetros de resistência com os quais está correlacionado, por exemplo, a resistência à compressão não confinada e a resistência à tração. É medido de acordo com os procedimentos recomendados na norma ASTM D5731, geralmente com amostras de núcleo de tamanho NX. A máquina de ensaio é constituída por uma estrutura de carga, que mede a força necessária para partir a amostra, e por um sistema de medição da distância entre os dois pontos de contacto do prato. Os espécimes de rocha sob a forma de núcleo, blocos cortados ou pedaços irregulares são quebrados pela aplicação de uma carga concentrada através de um par de placas cónicas esfericamente truncadas.

A força aplicada à rotura da amostra e a distância entre as pontas do cilindro são registadas para calcular o índice de carga pontual do seguinte modo

$$I_S = \frac{F}{D_e^{\,2}}$$

Figura 2.5 Ensaio de carga pontual

Onde,

Is = Índice de carga pontual (psi)

F = Carga de rotura (lbs.)

D$_e$ =Distância entre as pontas dos cilindros (pol.)

$D_e^2 = D^2$ = para ensaio diametral

= 4A/π = para ensaios axiais, de blocos e de grumos

A = L.D = área mínima da secção transversal de um plano que passa pelos pontos de contacto do cilindro

CAPÍTULO 3

PROCESSO DE PERFURAÇÃO DE ROCHA

3.1   PERFURAÇÃO ROTATIVA

A perfuração rotativa é o mais versátil de todos os métodos de perfuração. Pode ser empregue em material muito macio, quando são utilizadas brocas de arrasto, e em rocha média a muito dura, quando são utilizadas fresas de laminagem. A maioria dos furos rotativos para desmonte são rasos, de 30 a 60 pés, e estão na faixa de 6 a 9 pol., embora o método rotativo seja capaz de perfurar furos de 3 a 17 pol. a profundidades bem superiores às necessárias para furos para desmonte. As plataformas de furos para desmonte são concebidas para uma produção elevada e, em material macio, podem perfurar 800 a 1200 pés de furo por turno. Um cortador de rolo com circulação de ar é o mais comum. As fresas de arrasto, com circulação de ar ou água ou brocas para a remoção de estacas, podem ser utilizadas com grande vantagem em material macio, como sobrecarga, sedimentos macios, carvão, etc.

A tendência na perfuração de furos de explosão rotativos é para furos de explosão de maior diâmetro para tirar partido dos custos mais baixos da perfuração numa base de volume e da maior eficiência do agente de explosão em furos de maior diâmetro. Esta tendência exigiu o desenvolvimento de plataformas de perfuração mais pesadas, algumas capazes de aplicar um impulso de 120.000 lb à broca. A perfuração rotativa com fresas rolantes é atualmente utilizada para perfurar mesmo as rochas mais duras.

As brocas rotativas utilizadas na perfuração de furos para desmonte a céu aberto são constituídas por uma fonte de energia, uma coluna de perfuração composta por um único tubo de perfuração oco ou por uma série de tubos de perfuração ligados entre si e uma broca. As fontes de energia transmitem simultaneamente um impulso descendente e um movimento rotativo à coluna de perfuração. O tubo de perfuração transmite este impulso e movimento rotativo à broca e serve também de conduta para o meio de lavagem. Na perfuração normal, o meio de lavagem, ar ou líquido, é forçado a descer através do tubo de perfuração e através da face da broca, onde apanha as aparas de perfuração e as transporta para a superfície através do espaço entre o exterior do tubo de perfuração e a parede do furo. O binário de perfuração fornecido pela fonte de energia de superfície é a energia necessária para fragmentar a rocha e é consumida como os elementos de corte da lasca da broca e da superfície da rocha esmagada. Em material macio, a desintegração da rocha é efectuada predominantemente por uma ação de aragem; em material duro, por indentação; e em rochas de resistência média, por uma combinação destes processos.

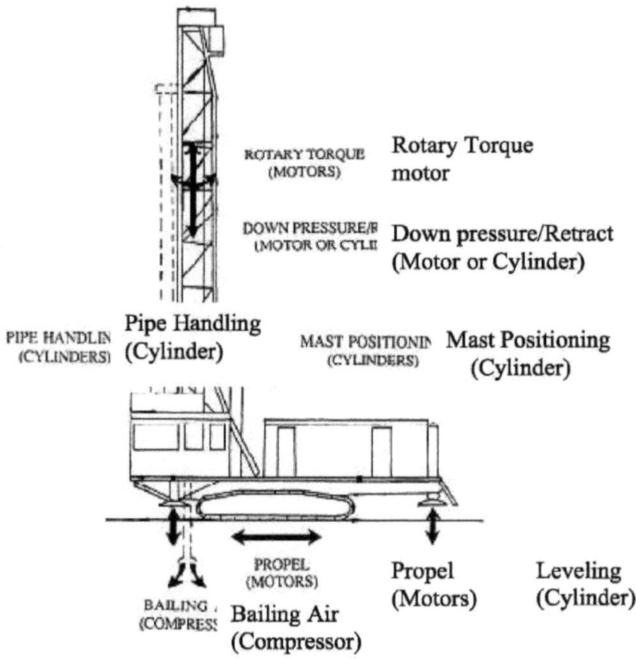

Figura 3.1 Broca rotativa para furos de jato de areia.

3.1.1. PERFURADORA ROTATIVA

Os principais componentes das plataformas rotativas para furos de desmonte são a montagem, o motor principal, o sistema rotativo, o sistema de puxar para baixo e de elevação, o sistema de circulação e o sistema de manuseamento do mastro e da haste.

3.1.2 MONTAGEM

As perfuradoras rotativas para furos de explosão são montadas em camiões ou em lagartas. As perfuradoras grandes e pesadas são sempre montadas sobre lagartas, tal como muitas das perfuradoras de tamanho médio. Um suporte de lagartas pode suportar uma sonda mais pesada do que um suporte de camião e pode mover-se mais facilmente em superfícies ásperas ou inclinadas. As plataformas rotativas mais leves e os sem-fins são geralmente montados em camiões. Os camiões são mais móveis e têm vantagens se forem necessárias longas distâncias e movimentos frequentes de um lado para o outro. Independentemente da montagem, todos os equipamentos de perfuração são nivelados e apoiados por macacos hidráulicos que são ajustáveis individualmente para instalação em terrenos irregulares.

3.1.3 SISTEMA ROTATIVO

Os sistemas para fornecer potência rotativa são o sistema de barra Kelly e o acionamento hidráulico ou elétrico da cabeça superior. O sistema de barra Kelly utiliza uma mesa rotativa accionada mecânica ou hidraulicamente pelo motor principal. A barra Kelly quadrada, com estrias hexagonais, ligada ao tubo de perfuração, desliza através da abertura correspondente na mesa rotativa e roda com ela. O sistema é robusto e fiável, mas a barra Kelly tem de ser removida quando se adiciona uma nova secção de tubo de perfuração, a menos que o tubo de perfuração tenha a forma da Kelly. No sistema de acionamento da cabeça superior, a potência de rotação é aplicada diretamente à extremidade da coluna de perfuração por uma engrenagem accionada por um motor elétrico ou hidráulico. Toda a unidade de acionamento é fixada à coluna de perfuração e move-se para cima e para baixo em calhas montadas no mastro à medida que a coluna de perfuração é elevada ou baixada no furo. Quando é necessário um novo comprimento de tubo de perfuração, o conjunto de acionamento é separado da coluna de perfuração e elevado até ao topo do mastro para permitir a inserção de um novo comprimento de tubo. Normalmente, as velocidades de rotação variam entre 30 e 120 rpm e a maioria das perfuradoras são concebidas com uma capacidade de binário entre 10 e 20 pés-lb por 100 lb de força descendente.

3.1.4 SISTEMA DE EXTRACÇÃO

Todas as perfuradoras de furos de explosão têm um sistema de tração para aplicar um impulso suficiente à broca para fragmentar eficazmente a rocha. As brocas normalmente utilizadas na perfuração rotativa requerem cargas de até 8000 lb por polegada de diâmetro da broca, dependendo da resistência ou dureza da rocha. Uma vez que o peso da coluna de perfuração é apenas uma pequena fração da carga, é necessária uma força de descida adicional. Esta força de descida é obtida quase exclusivamente por energia hidráulica aplicada através do movimento de pistões ligados a cabos ou correntes, apenas por pistões, por correntes e rodas dentadas ou por sistemas de engrenagens de cremalheira e pinhão. O sistema de correntes e rodas dentadas, o mais comum, utiliza uma engrenagem dentada accionada hidraulicamente que engata e move duas correntes contínuas de rolos ligadas a ambos os lados da montagem superior do motor de acionamento. Outros sistemas utilizam pistões extensivamente ou pistões com rodas dentadas finais que fornecem movimento a correntes de rolos ou cabos à medida que os pistões são estendidos. Outro sistema utiliza uma engrenagem de pinhão ligada à unidade de acionamento rotativo que engata uma cremalheira montada ao longo de cada lado do mastro. As pequenas plataformas de sem-fim utilizam geralmente pistões hidráulicos que aplicam o impulso diretamente a uma forquilha de impulso.

Todos os sistemas de tração utilizam o peso dos equipamentos de perfuração para reagir contra a força de descida aplicada à broca. Assim, as plataformas de perfuração pesadas são um requisito numa perfuração de furo para explosão de grande diâmetro, e as maiores pesam mais de 160000 lb. Em geral, as plataformas de perfuração serão capazes de aplicar uma força de descida entre 55 e 70% do seu peso total. A força total de descida que pode ser aplicada à broca depende não só do peso total da plataforma, mas também da forma como o peso é distribuído na plataforma.

3.1.5 SISTEMA DE CIRCULAÇÃO

O sistema de circulação é um dos sistemas mais importantes de perfuração. Devido às grandes taxas de penetração e à vida útil mais longa da fresa, todas as perfuradoras rotativas para furos de explosão utilizam a descarga direta de ar com três brocas de corte rolantes. A circulação de água é utilizada apenas se a entrada de água no furo for demasiado grande para ser tratada com métodos de perfuração a ar. O trajeto normal da circulação é do compressor pelo tubo de perfuração até à broca, onde os detritos são recolhidos, e de volta para fora do furo através do espaço entre o exterior do tubo de perfuração e a parede do furo. O ar necessário para a perfuração com jato de areia é o necessário para retirar os detritos do furo assim que se formam. Uma deficiência de ar permitirá que os detritos sejam reaterrados, diminuindo a taxa de penetração. A velocidade mínima de retorno do ar necessária para limpar eficazmente o furo é de 3000 fpm para materiais de baixa densidade, como o minério de ferro, ou quando os detritos são grandes.

Uma pressão de ar de 30 a 60 psi é normalmente suficiente para controlar a entrada de água nos furos, quando os furos são relativamente rasos (100 pés ou menos). O ar é fornecido por um ou mais compressores de bordo, normalmente alimentados por um motor elétrico ou diesel de 100 a 200 hp. Os compressores de um só estágio podem fornecer ar de 30 a 70 psi; uma unidade de dois estágios pode fornecer ar de baixa pressão a 30 ou 60 psi e ar de alta pressão a 100 a 250 psi. O ar de alta pressão é necessário para o funcionamento dos martelos de perfuração. Durante a perfuração, as aparas de rocha são transportadas para a superfície, onde as aparas mais pesadas normalmente caem à volta do furo de perfuração e as partículas mais leves são descarregadas para a atmosfera ou recolhidas para amostragem ou eliminação.

Se for utilizado um sistema primário de recolha de poeiras, um invólucro flexível rodeia o furo de perfuração e a maioria das partículas mais pequenas transportadas pelo ar são recolhidas por um sistema de vácuo e depositadas em funis. Se for utilizado um sistema secundário, o ar carregado de poeiras passa por um separador de ciclones e todas as partículas, exceto as mais finas, são separadas. Outra técnica para reduzir as poeiras transportadas pelo ar consiste em injetar uma pequena quantidade de água no fluxo de ar. Esta mistura de névoa de ar aglomera as poeiras finas em pellets maiores, que depois podem ser recolhidos mais facilmente. As aparas de rocha recolhidas e os materiais à volta do furo podem ser utilizados mais tarde para a escavação.

3.2   PERFURAÇÃO POR PERCUSSÃO

As perfurações de percussão são de dois tipos principais, montadas à superfície e no fundo do furo. Nas perfuradoras montadas à superfície, o atuador de percussão permanece fora do furo e a energia de percussão é transmitida à broca através de uma série de hastes de perfuração ocas. Nas brocas de fundo de furo, o atuador de percussão bate diretamente na broca e segue a broca para dentro do furo à medida que a perfuração progride. O aplicador numa perfuradora de percussão é uma ferramenta em forma de cinzel ou de botão que atinge a rocha com um golpe semelhante a um martelo. A tensão eficaz para quebrar a rocha actua essencialmente numa direção axial e de forma pulsante. A rotação permite que a broca atinja a rocha num ponto diferente em golpes consecutivos, um mecanismo chamado "indexação de golpes", que forma crateras contíguas e, por fim, um furo direcionado na rocha. O binário de rotação aplicado, no entanto, não é normalmente responsável por qualquer penetração na rocha, uma vez que é pequeno em magnitude e, com a rotação da barra de espingarda, funciona apenas entre golpes. Da mesma forma, a única função do impulso aplicado é manter a broca em contacto com a rocha.

3.2.3 BERBEQUIM DE FUNDO DE POÇO

As brocas de fundo de furo (DHD) utilizadas para furos de explosão são accionadas pneumaticamente, sendo o ar de funcionamento fornecido através do aço oco da broca utilizado para suportar e rodar a broca. A broca fornece apenas energia de percussão à broca e é accionada por um motor montado na plataforma de perfuração de superfície. A broca de fundo de furo é apresentada na figura 3.2.

Os martelos de fundo de furo estão disponíveis de 3 $/^1{}_4$ a 10 polegadas e são normalmente utilizados para perfurar furos de 4 a 9 polegadas, mas com capacidade para 12 polegadas. As brocas de fundo de furo são normalmente utilizadas a profundidades de 100 pés ou menos para furos de explosão, mas podem perfurar mais de 1000 pés. A broca deve ser utilizada pelo menos $/^1{}_2$ in. maior do que o diâmetro da broca para permitir a passagem dos detritos para fora do furo. A descarga direta de ar é normalmente utilizada para retirar as aparas do furo, embora a Augering tenha sido utilizada com sucesso em furos curtos. O DHD utiliza o ar de exaustão depois de ter sido aplicado ao pistão, em vez de uma porção desviada do fornecimento de ar principal, como na perfuração com drifter. Também é fornecida uma válvula de retenção de água para evitar a entrada de água subterrânea caso o ar seja cortado. A única parte móvel é o pistão, que actua como a sua própria válvula, abrindo e fechando as portas de entrada e saída de ar.

Deveria ser óbvio que, para acomodar todos estes componentes num espaço confinado, o pistão torna-se relativamente pequeno e, de facto, tem de ter um diâmetro consideravelmente inferior ao da broca. As brocas de fundo de furo têm outra consideração a seu favor: uma vez que o golpe é produzido no furo, o ruído aéreo é reduzido consideravelmente em relação à broca de escavação.

As brocas de fundo de furo (DHD) funcionam com uma pressão de ar de 100, 200 ou 250 psi. A pressão de ar mais elevada permite uma elevada taxa de penetração. A velocidade necessária para limpar eficazmente o furo é de cerca de 4000 fpm.

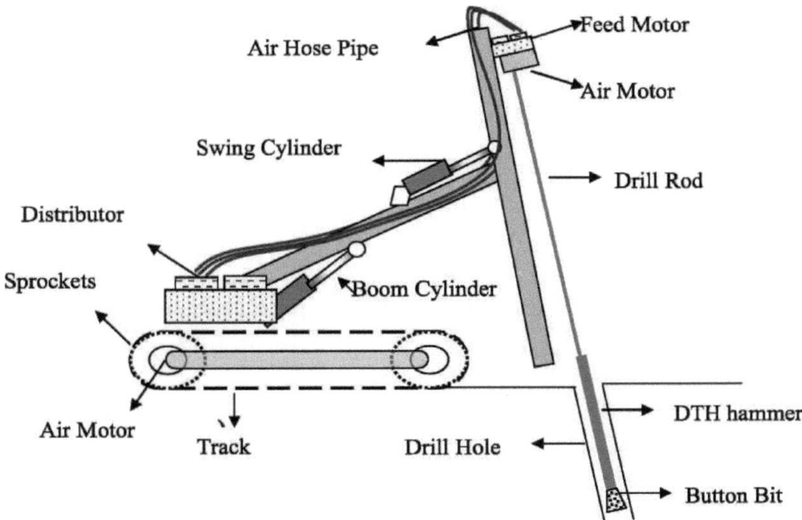

Figura 3.2 Perfurador de fundo de furo (DTH)

As brocas de fundo de furo são geralmente utilizadas com 2000 a 4000 lb de impulso. O impulso adicional não aumenta necessariamente a taxa de penetração, mas pode aumentar o desgaste da broca e a possibilidade de falha da broca e, eventualmente, fazer parar a broca. As brocas de fundo de furo são rodadas a 10 a 100 rpm, dependendo do tamanho da broca, da pressão do ar, da dureza e da abrasividade da rocha

3.2.2 MARTELO DE TOPO OU DERIVADOR

Neste método de perfuração, o drifter, ou motor de perfuração, desloca-se ao longo de uma guia ou calha no suporte da broca. Contém o pistão e os componentes de rotação. O acionamento do pistão pode ser conseguido por ar comprimido ou por ação hidráulica. O pistão transmite a sua energia a uma peça da haste ou barra de impacto, inserida num mandril, localizado na parte inferior do drifter. Esta haste transmite o golpe para a broca através de uma série de "aços" ou hastes de perfuração ligados por acoplamentos amovíveis.

No interior do drifter, existe um "tubo de sopro" que direcciona o ar comprimido de lavagem para baixo, através de um orifício perfurado no pistão e no aço da broca, para passagens perfuradas na broca que

forçar as aparas de perfuração para fora do espaço anular entre o diâmetro do furo e o aço da broca até à superfície.

O drifter e a "corda" de perfuração são alimentados para cima e para baixo na guia de perfuração por (geralmente) um motor e um dispositivo de corrente, de modo a manter a pressão descendente na broca e também para permitir a adição e remoção de aço de perfuração. As perfuradoras pneumáticas utilizam geralmente ar a pressões de cerca de 100 a 125 psi (690 kpa a 862 kpa).

A coluna de perfuração e a "corda" de perfuração são alimentadas para cima e para baixo na guia de perfuração por (geralmente) um motor e um dispositivo de corrente, de modo a manter a pressão para baixo na broca e também para permitir a adição e remoção de aço de perfuração. As perfuradoras pneumáticas utilizam geralmente ar a pressões de cerca de 100 a 125 psi (690kpa a 862kpa).

Os drifters operados hidraulicamente utilizam princípios de funcionamento semelhantes, exceto que o fluido hidráulico é relativamente não compressível. O curso do pistão é, por conseguinte, muito mais curto do que o das escavadoras pneumáticas, mas o trabalho realizado é compensado por um grande aumento dos golpes por minuto (BPM). As perfuradoras hidráulicas continuam a necessitar de uma certa quantidade de ar comprimido para retirar os detritos do furo. As perfuradoras, quer sejam pneumáticas ou hidráulicas, estão limitadas a furos com dimensões inferiores a 5 polegadas (127 mm).

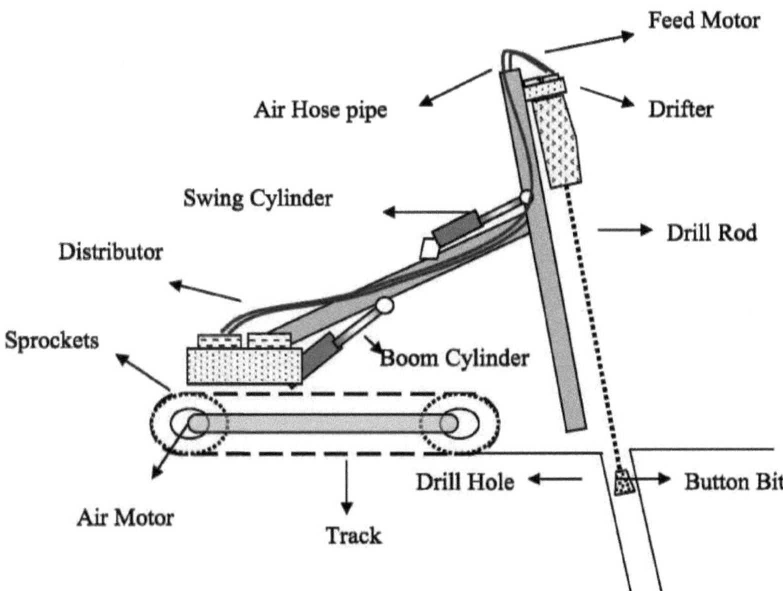

Figura 3.3 Perfurador de martelo de topo (Drifter).

3.3 INTERACÇÃO ROCHA-BITA

Existem apenas duas formas básicas de atacar a rocha mecanicamente por percussão e rotação. É a interação entre a rocha e a broca que determina a eficiência da transferência de energia e a natureza do processo de rutura. Para provocar a rotura da rocha durante a perfuração é necessário aplicar uma força suficiente com uma ferramenta que exceda a resistência da rocha. Esta resistência à penetração da rocha é designada por "resistência da broca" e não é equivalente a nenhum dos parâmetros de resistência conhecidos. Além disso, o campo de tensões criado pela ferramenta deve ser direcionado de modo a produzir a penetração sob a forma de um furo com a forma e dimensão desejadas. Estas tensões são de natureza quase estática, porque as forças são aplicadas lentamente no processo de perfuração. Foi demonstrado que a força de inércia, a onda de tensão induzida e os efeitos da taxa de carga na perfuração de rochas são negligenciáveis.

A perfuração propriamente dita utiliza a rotura mecânica da rocha para fazer avançar o furo. Existem dois tipos principais de ferramentas mecânicas de escavação, nomeadamente os indentadores e as brocas de arrasto ou picaretas. O mecanismo de fratura de cada uma delas é descrito nas figuras (Fig. 01)

& Fig #02) abaixo. Os indentadores quebram a rocha aplicando uma força predominantemente perpendicular à superfície da rocha. As brocas de arrasto aplicam uma força que é perpendicular à superfície da rocha.

3.3.1 MECÂNICA DA INTERACÇÃO DA BROCA NA PERFURAÇÃO POR PERCUSSÃO

O aplicador de uma broca de percussão é uma ferramenta em forma de cinzel ou de botão que atinge a rocha com um golpe semelhante a um martelo. A tensão eficaz para quebrar a rocha actua essencialmente na direção axial e de forma pulsante. A rotação permite que a broca atinja a rocha num ponto diferente em golpes consecutivos, um mecanismo chamado "indexação de golpes", que forma crateras mais próximas e, por fim, um furo direcionado na rocha. O binário de rotação aplicado, no entanto, não é normalmente responsável por qualquer penetração na rocha, uma vez que é pequeno em magnitude e, com a rotação da barra de espingarda, funciona apenas entre golpes. Da mesma forma, a única função do impulso aplicado é manter a broca em contacto com a rocha.

A sequência de formação da cratera é a seguinte: (1) a rocha é deformada inelástica, com esmagamento das irregularidades da superfície; (2) formam-se microfissuras subsuperficiais a partir de concentrações de tensão e confinamento na interface rocha-betão, envolvendo uma cunha de material, que é esmagada; (3) as fissuras secundárias propagam-se ao longo de trajectórias de cisalhamento até à superfície, formando grandes fragmentos ou lascas; e (4) as partículas quebradas são ejectadas pelo ressalto da broca e pela ação de limpeza de qualquer fluido de circulação, resultando na formação de uma cratera. A sequência é repetida com golpes sucessivos, exceto que a indexação tende a fornecer "faces livres" adicionais que podem ajudar a quebrar a rocha e aumentar o tamanho da cratera. No entanto, a indexação não é uma variável sensível, nem se presta a um controlo preciso na máquina de perfuração. O mecanismo de percussão é apresentado na figura 3.4.

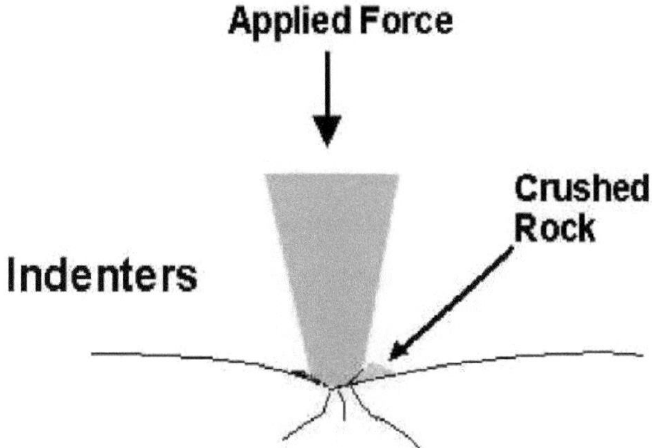

Figura 3.4 Rotura mecânica por indentadores.

Essencialmente, no que diz respeito à fracturação da rocha, os dois mecanismos predominantes na perfuração com percussão são o esmagamento e o lascamento.

3.3.2 MECANISMO DE PENETRAÇÃO DA BROCA ROTATIVA

A ação de planificação ou lavra de uma broca rotativa de arrasto é executada por uma variedade de ferramentas, incluindo brocas de lâmina e de diamante, bem como serras de cabo, de corrente e rotativas. Independentemente da geometria do dispositivo, a ação de arrastamento na superfície de corte é fornecida por duas forças: o impulso, uma carga estática que actua normalmente, e o binário, a componente de força tangencial do momento de rotação que actua na superfície da rocha.

O mecanismo de penetração na perfuração com broca de arrasto é o seguinte (figura 3.6): (1) quando a aresta cortante da broca entra em contacto com a rocha, ocorre uma deformação elástica; (2) a rocha é esmagada na zona de alta tensão adjacente à broca; (3) as fissuras propagam-se ao longo de trajectórias de cisalhamento até à superfície, formando lascas; e (4) a broca avança para contactar novamente com a rocha sólida, deslocando os fragmentos quebrados. Pode-se conceber o impulso como sendo responsável pela indentação e a força tangencial pela lavra.

A semelhança na ação de corte destes dois sistemas básicos de perfuração é impressionante. Conclui-se que, sob ataque mecânico, a rocha falha alternativamente por esmagamento e lascamento, quer a energia seja aplicada por percussão ou rotação.

Essencialmente, pode ser utilizada a mesma forma de sonda de perfuração com brocas de rolo e com brocas de arrasto, empregando as mesmas forças para conseguir a penetração (embora sejam utilizados níveis mais elevados de impulso e binário e sejam habituais máquinas mais pesadas). No entanto, a geometria da broca de rolos é tal que resulta numa ação de corte híbrida, uma combinação de percussão e rotação. À medida que a broca roda, os dentes de corte montados em cada cone rotativo atingem alternadamente a rocha, causando impacto, indentação e (com brocas de "rocha macia") aplainamento. No entanto, ocorre a mesma trituração e estilhaçamento que nos dois sistemas básicos; apenas as proporções diferem.

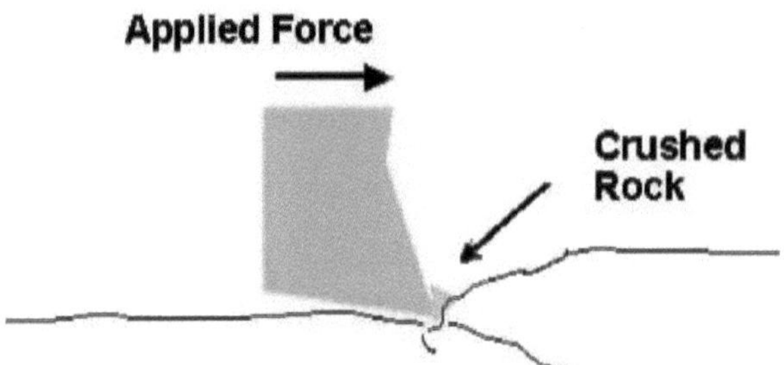

Figura 3.5 Rotura mecânica por broca de arrasto

3.4 FACTORES QUE INFLUENCIAM O DESEMPENHO DA BROCA E A TAXA DE PENETRAÇÃO:

3.4.1 CAPACIDADE DE PERFURAÇÃO

A capacidade de perfuração é definida como a penetração de uma broca na rocha expressa em metros por minuto. O termo "capacidade de perfuração" é aqui utilizado para significar principalmente a velocidade de penetração da ferramenta na rocha, mas num sentido mais lato estende-se à qualidade do furo resultante, à retidão do furo, ao risco de encravamento da ferramenta, etc. O desgaste da ferramenta é frequentemente proporcional à capacidade de perfuração, embora também dependa do grau de abrasividade da rocha. A capacidade de perfuração não só influencia o desgaste das ferramentas e do equipamento, como é, juntamente com a velocidade de perfuração, um fator padrão para o progresso dos trabalhos de escavação. A estimativa da capacidade de perfuração em condições de rocha previstas pode acarretar um grande risco de custos. Por conseguinte, seria desejável uma melhor previsão da velocidade de perfuração e do desgaste da broca. A capacidade de perfuração de um maciço rochoso é determinada por vários parâmetros geológicos e mecânicos.

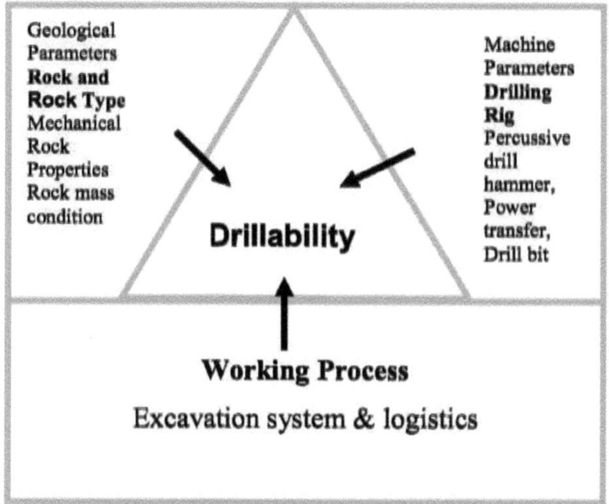

Figura.3.6. Ilustração do termo "Drillability" e dos principais parâmetros que o influenciam.

A capacidade de perfuração é um termo utilizado na construção para descrever a influência de uma série de parâmetros na taxa de perfuração (velocidade de perfuração) e no desgaste da ferramenta do equipamento de perfuração. A interação dos principais factores é ilustrada na Fig. 3.6. A capacidade de perfuração é, em primeiro lugar, influenciada pelos parâmetros da máquina do equipamento de perfuração escolhido. Para além dos parâmetros técnicos, são sobretudo os parâmetros geológicos que influenciam o desempenho da perfuração e o desgaste do equipamento de perfuração (Fig. 3.7). As características específicas do material rochoso e do maciço rochoso podem ser, pelo menos em parte, quantificadas com a ajuda das propriedades mecânicas da rocha. Mas as condições do maciço rochoso também dependem muito da história geológica, das condições de meteorização, da decomposição hidrotermal e da estrutura das descontinuidades. Por conseguinte, é necessário passar por três níveis de investigação: mineral - tipo de rocha - e maciço rochoso - o que significa também três níveis de dimensão.

MINERAL	Mineral composition micro fabric	Equivalent quartz content porosity / cementation
ROCK	Elastic plastic behavior mechanical rock	Destruction work. Compressive strength. Young's modulus. Tensile strength. Ratio of compressive and tensile strength. Rock density.
ROCK MASS	Rock mass conditions discontinuities	Anisotropy. Spacing of discontinuities. Status of weathering. Hydrothermal decomposition

Figura.3.7. Parâmetros geológicos (Vista geral das características do mineral, da rocha e do maciço rochoso).

O último fator importante que influencia a capacidade de perfuração é o próprio processo de trabalho. Em primeiro lugar, o bom funcionamento e a manutenção permanente do equipamento de perfuração contribuem para um bom desempenho da perfuração. Em segundo lugar, uma elevada taxa de penetração na face do túnel não conduz automaticamente a um elevado desempenho da direção do túnel. Por conseguinte, é uma questão de compreender todo o sistema de escavação antes de aplicar os conhecimentos especializados à investigação da capacidade de perfuração.

3.4.2 CARACTERÍSTICAS GEOLÓGICAS DO MACIÇO ROCHOSO

Embora as propriedades mecânicas permitam uma previsão mais exacta do desempenho da perfuração, as influências geológicas são ainda mais decisivas para a velocidade de perfuração, bem como para a vida útil da broca. Existem vários factores de influência geológica, conforme discutido na secção 3.4.1, embora apenas possam ser mencionadas aqui as características do maciço rochoso:

1. Anisotropia - orientação das descontinuidades relacionada com a direção do ensaio ou da perfuração.
2. Espaçamento das descontinuidades.
3. Composição mineral - teor de quartzo equivalente.
4. Volume de poros - porosidade do microtecido.

A decomposição hidrotermal do material rochoso apresenta muitas vezes os mesmos efeitos que o estado da meteorização.

3.4.3 PRODUÇÃO DE ENERGIA

Nas minas de superfície, o consumo de energia ou de potência está a tornar-se uma preocupação crescente; mas as energias ou potências, se comparadas, são geralmente mais preocupantes devido ao seu efeito na taxa de penetração. A energia de saída de uma perfuradora de percussão é gerada pela pressão do ar por detrás do pistão ou do martelo durante o curso de força. Esta energia é depois transferida para a coluna de perfuração após o impacto, enquanto que na perfuração rotativa a energia é produzida pela pressão do fluido e pela rotação da coluna de perfuração. A máquina de perfuração pode ser pneumática ou hidráulica.

3.4.4 TRANSMISSÃO DE ENERGIA

Na perfuração por percussão, a energia cinética do pistão é convertida numa força impulsiva, quando atinge a extremidade recetora da haste de perfuração e depois ricocheteia. Uma pequena porção da haste é comprimida e o impulso de compressão percorre a haste sob a forma de uma onda de tensão. A duração do impulso é determinada pela forma do pistão de impacto. A força máxima desenvolvida na haste depende da velocidade de impacto do pistão. Esta força impulsiva é a força derivada que causa a penetração da broca. Na prática, uma parte da energia da onda de deformação restaurada na haste é dissipada na penetração da rocha e a restante é reflectida sob a forma de força de tração, dependendo das condições na interface rocha/broca. Por vezes, pode acontecer que a broca e a rocha não estejam em contacto, o que resulta numa reflexão da onda na extremidade livre. Esta é a principal fonte de calor e aumenta a falha por fadiga na coluna de perfuração.

O impulso é essencial na perfuração por percussão, principalmente para assegurar o contacto entre a broca e a rocha. A energia produzida pela broca é transmitida através da haste sob a forma de onda de deformação. Um contacto inadequado resultará na perda de energia da onda incidente do golpe subsequente. Para obter a taxa de penetração máxima, o sistema de perfuração deve ser estável. Na perfuração rotativa com jato de areia, a força de corte pode ser dividida numa força tangencial e numa força vertical. A força tangencial é uma medida da resistência da rocha no plano da secção transversal do furo perfurado e constitui um par ou o binário de resistência à rotação da broca. O par de torção, ou binário medido no eixo da broca, é o produto da força tangencial e do raio efetivo da broca.

3.4.5 DESGASTE DE BITS

É definida como a perda de peso e/ou dimensão por unidade de tempo ou unidade de distância de deslizamento. É normalmente medido em termos de taxa. O desgaste da broca pode ser classificado como mecânico e físico-químico. A quebra minúscula e/ou a lascagem da aresta de corte são atribuídas ao desgaste mecânico. Quando as ferramentas reagem quimicamente com o fluido de perfuração e com o ambiente, os elementos de corte são oxidados, sulfurados, corroídos ou fragilizados por reacções químicas. O desgaste químico é, no entanto, muito provavelmente menos predominante do que o mecânico. Desconsiderando o desgaste físico-químico relacionado com o processo de taxa, o desgaste mecânico pode ser dividido em dois componentes: fadiga e abrasão. O desgaste total é a soma destes dois componentes. Na determinação do desgaste da broca, são considerados a energia do golpe, o ângulo de corte, o número de arestas, a dureza da broca, o caudal de fluido, a viscosidade do fluido e a dureza da rocha para a percussão. Do mesmo modo, no caso da rotação, são considerados a velocidade de rotação, o impulso, o ângulo de corte da broca, a dureza da broca, o caudal de fluido e a dureza da rocha.

CAPÍTULO 4

ESTUDOS DE CASO DE PEDREIRAS DE CALCÁRIO

O objetivo do presente estudo é estabelecer a correlação entre as várias propriedades mecânicas da rocha e a capacidade de perfuração (ou seja, o tempo que o equipamento de perfuração demora a produzir um furo de desmonte específico). Um dos problemas mais importantes de qualquer trabalho de perfuração é prever o desempenho das perfuradoras de rocha durante a operação. O conhecimento da capacidade de perfuração da rocha é necessário para prever o custo e o tempo de escavação do minério, o que constitui uma base para a orçamentação em termos de planeamento, de modo a que possa ser selecionada a máquina de perfuração adequada à rocha.

Esta investigação envolve tanto experiências laboratoriais como o exame no terreno de equipamentos de perfuração. Para o estudo de campo, foram seleccionadas diferentes pedreiras de calcário, incluindo a **Lucky Cement Quarry, a Attock Cement Quarry** e a **Al-Abbas Cement Quarry.**

4.1 PEDREIRA DE CIMENTO DA SORTE

A fábrica de cimento Lucky está situada na Super Autoestrada. A localização da fábrica situa-se a 58 km da super autoestrada, entre 67 e 59 km. A Lucky possui um grande depósito de calcário que está ligado a Goth Jaman e Babar Bund Nai, distrito de Jamshoro, e também a Goth Haji Allah Dad, distrito de Karachi, na principal autoestrada Hyderabad-Karachi. O local da fábrica tem uma frente de estrada de 1000 m e uma profundidade de 2000 m para sul.

Figura.4.1 Localização geográfica da Lucky Cement

4.1.1 GEOLOGIA E ESTRATIGRAFIA

A deposição de calcário é conhecida localmente como Formação Gaj; o nome deriva do facto de o rio Gaj ter sido outrora um curso na área. A formação Gaj pertence à idade do Mioceno (período Neogénico e era Cenozóica). Na região de Kirthar, a parte inferior do Miocénico é constituída por sedimentos marinhos e estuarinos próximos da costa da formação Gaj. Esta formação assenta de forma conformativa e transitória sobre a formação nari. A formação Gaj é maioritariamente constituída por xisto, de carácter cinzento e gipsífero, arenito cruzado e calcário acastanhado fossilífero. No entanto, a parte sul é predominantemente constituída por arenito castanho e calcário argiloso de cor creme ou branco rosado.

A sedimentação da área pode ser dividida nas seguintes divisões.

- Uma fácies calcária de mar aberto.

- Uma fácies flysch marinha pouco profunda.

- Uma fácies lacustre, e

- Uma fácies costeira.

As faces calcárias estão amplamente desenvolvidas na área e o monte Khadeji é um bom exemplo disso. Uma faixa de 30-50 metros de fácies calcárias na fase é reefoide e livre de dolostone em voga. Esta faixa é sustentada por um bom calcário com leitos alternados de dolostone e não é adequada como recurso calcário para o fabrico de cimento.

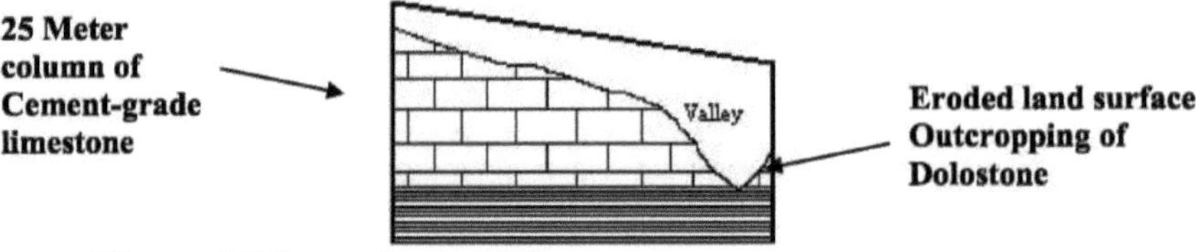

Figura.4.2 Sucessão geológica

A exposição sem pedras de dolomite da faixa calcária está localizada no limbo ocidental do anticlíneo Khadeji, que mergulha superficialmente para norte.

Como indicado acima, o depósito pertence à formação Gaj, atinge uma espessura de 450 m e é constituído por calcário amarelo e castanho, maciço ou em escombros, com intercalações de calcário argiloso branco, argila e gesso. A litologia indica que a área de deposição foi inicialmente de origem marinha e mais tarde tornou-se gradualmente estuarina.

Durante o processo de erosão de Manchhar, a água da chuva pré-coagulou no calcário cimentado e estabeleceu canais de drenagem ao longo dos planos de assentamento. Estas águas transportaram areia erodida e soprada pelo vento e, após a desertificação, obstruíram os canais. Daí o excesso de sílica no calcário. A maior parte da sílica, que é estranha, é suscetível de ser eliminada durante a exploração, o dimensionamento, o transporte e o manuseamento.

Tabela 4.1 **Espessura do compósito e teor de CaO e SiO$_2$ das faces do calcário.**

Limestone Faces	Thickness (m)	Percentage (average)	
		CaO %	SiO$_2$ %
1	08	49.64	5.40
2(A)	15	49.77	4.80

2(B)	17	48.77	4.58
3	08	49.52	5.06
4	10	49.85	4.89
Average Thickness = 12 meters (approximately)			

4.1.2 PROCESSO DE EXTRACÇÃO

Os depósitos de calcário neste terreno arrendado são maciços e ligeiramente inclinados. Inicialmente, foram desenvolvidas algumas faces com uma composição homogénea para satisfazer a procura durante os primeiros 5 anos e, posteriormente, durante a fase de produção, serão desenvolvidas as áreas adequadas de acordo com a tendência de homogeneidade do calcário e também de acordo com as necessidades da fábrica.

Uma vez que a altura do depósito é de cerca de 100 metros no terreno arrendado, composto por várias colinas de alturas razoáveis. Por conseguinte, está planeado explorar o depósito em três níveis, constituídos por bancadas de 15 metros de altura. As bancadas mantêm-se horizontais e têm uma largura de cerca de 100 metros para proporcionar um espaço amplo para as máquinas e o equipamento se movimentarem de forma segura e produtiva.

A fim de satisfazer a procura de calcário de 10.000 toneladas por dia, os depósitos de calcário são extraídos pelo método de pedreira a céu aberto. Por este método, cerca de 10.000 toneladas de calcário são extraídas por dia para a fábrica de trituração, fornecendo calcário graduado cerca de 10.000 toneladas por dia para a Lucky Cement Factory.

A deposição de calcário é efectuada em terreno montanhoso ou acidentado. O tipo **"Open-Hill- Run" abre-se no** vértice da colina e desce do terreno circundante e só é acessível por meio de uma rampa ou de uma inclinação.

A operação principal de extração do calcário consiste na seguinte operação principal:

A face da pedreira, com uma profundidade de 8-17 metros, é dinamitada utilizando um padrão de perfuração composto por "espaçamento" (5 metros), ou seja, a distância entre filas de furos perpendiculares à face, e "carga" (4 metros), ou seja, a distância entre filas de furos paralelos à face.

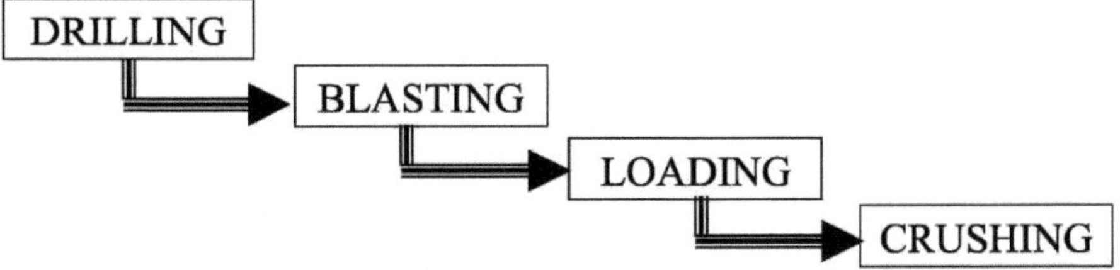

Figura.4.3 Ciclo típico de operação praticado na Lucky Cement

A pedreira de calcário Lucky é explorada por um único turno por dia e este turno único de trabalho tem oito horas. O seu horário de trabalho semanal é o seguinte

PerfuraçãoTrês .... dias

Explosão .... Três dias.

Carregamento e transporte .... Seis dias.

Operação de trituração .... Seis dias.

Uma semana de funcionamento implica seis dias de trabalho em dois turnos, cada um com oito horas de trabalho.

4.1. 3EQUIPAMENTOS DE PERFURAÇÃO

A tonelagem de calcário necessária na Lucky cement para o fabrico de cimento é de 10000 toneladas por dia. Para satisfazer este requisito, cada explosão deve conter 20.000 a 30.000 toneladas de calcário, e o processo de perfuração é efectuado durante três dias por semana de trabalho. Isto significa que a máquina de perfuração de lagartas deve ser capaz de perfurar o número de furos que devem fornecer 10.000 toneladas de calcário por dia para o triturador.

Atualmente, é amplamente aceite que as perfuradoras de percussão rotativa (Top-Hammer ou Down the hole Hammers) são mais vantajosas e rentáveis para a perfuração de furos de desmonte em pedreiras de calcário.

O equipamento de perfuração selecionado para o presente estudo de caso é o equipamento de perfuração com martelo hidráulico de fundo de furo de última geração **GEMS A GEMROCK 42.** A unidade é fabricada e importada da GEMSA DRILLS, TURQUIA.

Tabela 4.2 **Especificação técnica da máquina de perfuração da Lucky Cement**

Parameter	Specification
Hole Size range	75 mm – 140 mm
Max Hole Depth	40 meters
Operation Weight	6000 kg
Power	72 Hp (54 kw)
Max. Rotational Torque	1500 Nm
Max. Rotational Speed	75 – 90 rpm
Pull Down Force	25000 N
Drill Rod Length	3 meters
Down-hole hammer length	1.1 meter
Type of drive	Hydraulic

4.1.4ESPECIFICAÇÃO   DO COMPRESSOR DE AR

O compressor utilizado na pedreira de calcário da sorte é do tipo parafuso rotativo da marca Euro Box XAHS-836CD. É um compressor de dois estágios para serviços pesados com capacidade de fornecimento de ar de 800 pés^3 /m. Este compressor comprime o ar a uma pressão de 12 bar (174 psi). Este compressor estacionário é acionado por motores a diesel, enquanto as outras especificações do mesmo são dadas abaixo.

Tabela 4.3 **Especificações técnicas do compressor da Lucky Cement.**

Parameter	Specification
Operating Speed	2100 RPM
Operating Temperature Range	-57 to + 90 C

Engine Power	224 kw
Air service connection ports	Two 1 ¾ "
Mounting type	Four wheel
Rated delivery	800 CFM
Operating pressure	12 bar

4.1.5 AMOSTRAGEM NO TERRENO

Os membros do grupo de tese efectuaram uma amostragem cuidadosamente organizada de amostras de rocha da pedreira de calcário de cimento Lucky. Foram recolhidas 15 amostras de rocha com dimensões de 10 cm x 10 cm (aprox.:) para o teste de dureza Shore. 5 Pedregulhos de 25 cm x 25 cm (aprox:) foram recolhidos para ensaios de compressão uni-axial e ensaios de resistência à tração. Durante a amostragem no local, foi tomado um cuidado imenso para que a amostra de rocha recolhida representasse a totalidade da pedreira.

4.2   PEDREIRA DE CALCÁRIO DE AL-ABBAS

4.2.1 LOCALIZAÇÃO E ACESSIBILIDADE

A fábrica de cimento de Al-Abbas está situada na autoestrada. A localização da fábrica situa-se entre 85 e 95 km da autoestrada e a 90 km da super-estrada. A fábrica possui um grande depósito de calcário que se situa ao longo da autoestrada principal Hyderabad-Karachi Super Highway.

4.2.2 SUCESSÃO GEOLÓGICA

A deposição de calcário em Al-Abbas é conhecida localmente como Formação Tiyon. O termo Formação Tiyon foi proposto por HSC para os leitos superiores do Eoceno inferior tardio em Sindh. Estas rochas foram incluídas por Vredenburg (1909) na série Kirthar. A secção-tipo está exposta ao longo do Tiyon Nai (Lat. 26° 8" 30" E. 67° T 15") a sul do lago Manchar. A formação consiste principalmente em xisto, marga e calcário. O xisto é verde azulado, castanho esverdeado, cinzento amarelado, calcário e gipsífero. A marga é suavemente nodular e tem uma cor amarela, castanha avermelhada e branca creme. O calcário é de leito fino, nodular e margoso. É de cor creme e contém nódulos ferruginosos. A formação é altamente fossilífera, contendo foraminíferos. Geralmente, a Formação Tiyon está exposta no flanco ocidental da cordilheira de Laki e pode ser encontrada em Thano Bula Khan, Kalu Kuhar e a oeste de Bara naia. Está exposta perto de Kotdijji e Rohri, onde está subjacente ao calcário Kirthar. Está ausente a leste da cordilheira de Laki. A Formação Tiyon é conformável com a Formação Laki subjacente e a Formação Kirthar sobrejacente. A formação foi depositada em ambiente marinho pouco profundo na plataforma, Alveolina oblonga, Ovicula.

Fósseis de Ovoidea, Assiilina exponens são encontrados nesta Formação, indicando uma idade entre o Ypresiano Superior e o Lutetiano Inferior.

4.2.3 MÉTODO DE EXTRACÇÃO

A fim de satisfazer a procura de calcário de 5000 toneladas por dia, os depósitos de calcário são extraídos pelo método de pedreira a céu aberto. Por este método, cerca de 4800 a 5000 toneladas de calcário são extraídas por dia para a unidade de trituração que fornece calcário graduado para a fábrica de cimento Al-abbas.

4.2.4 EQUIPAMENTO DE PERFURAÇÃO

A tonelagem de calcário necessária na Al-abbas cement para o fabrico de cimento é de 4800 toneladas por dia. Para satisfazer este requisito, cada explosão deve conter 5000 a 7000 toneladas de calcário, e o processo de perfuração é efectuado durante três dias por semana de trabalho. Isto significa que a máquina de perfuração de lagartas deve ser capaz de perfurar o número de furos que deve fornecer 5000 toneladas de calcário por dia para o triturador.

Atualmente, é amplamente aceite que as perfuradoras de percussão rotativa (Top-Hammer ou Downhole Hammers) são mais vantajosas e rentáveis para a perfuração de furos de desmonte em pedreiras de calcário.

O equipamento de perfuração selecionado para o presente estudo de caso é o equipamento de perfuração com martelo hidráulico de fundo de furo de última geração **INGERSOLL RAND IR CM 650.**

Quadro 4.4 **Especificação técnica da máquina de perfuração da Al-Abbas Cement**

Parameter	Specification
Hole Size range	75 mm – 140 mm
Max Hole Depth	40 meters
Operation Weight	6000 kg
Power	72 Hp (54 kw)
Max. Rotational Torque	1500 Nm
Max. Rotational Speed	75 – 90 rpm
Pull Down Force	25000 N
Drill Rod Length	3 meters
Down-hole hammer length	1.1 meter
Type of drive	Hydraulic

4.2.5 ESPECIFICAÇÃO   DO COMPRESSOR DE AR

O compressor utilizado na pedreira de calcário de Al-Abbas é do tipo parafuso rotativo da marca Euro Box XAHS-836CD. É um compressor de dois estágios para serviço pesado com capacidade de fornecimento de ar de 800 pés /m. Este compressor comprime o ar a uma pressão de 12 bar (174 psi). Este compressor estacionário é acionado por motores a diesel, enquanto as outras especificações do mesmo são dadas abaixo.

Tabela 4.5 **Especificações técnicas do compressor da Al-Abbas Cement.**

Parameter	Specification
Operating Speed	2100 RPM
Operating Temperature Range	-57 to + 90 C

Engine Power	224 kw
Air service connection ports	Two 1 ¾ "
Mounting type	Four wheel
Rated delivery	800 CFM
Operating pressure	12 bar

4.2.6 AMOSTRAGEM NO TERRENO

A amostragem de amostras de rocha da pedreira de calcário de cimento de Al-Abbas foi efectuada pelos membros do grupo de tese. Foram recolhidas 15 amostras de rocha com dimensões de 10 cm x 10 cm (aprox.:) para o teste de dureza Shore. Foram recolhidas 5 pedras de 25 cm x 25 cm (aprox:) para ensaios de compressão uniaxial e ensaios de resistência à tração. Foi tomado um grande cuidado durante a amostragem no local, de modo a que a amostra de rocha recolhida representasse a pedreira completa.

4.3 PEDREIRA DE CALCÁRIO DE ATTOCK CEMENT

4.3.1 LOCALIZAÇÃO

Attack cement está situado em Hub chowk, sakaran. Está situada no distrito de Lasbella, em Uthal. Fica a 55 km de Karachi em direção à autoestrada RCD. O cimento Attack tem um grande depósito de calcário, que é capaz de satisfazer as necessidades da fábrica.

4.3.2 GEOLOGIA E ESTRATIGRAFIA

No cimento Attack, a deposição de calcário é conhecida como formação Nari. A Formação Nari está exposta extensivamente na região de Kirthar como afloramentos dispersos. Na província de Kirthar, sobrepõe-se conformavelmente à formação Kirthar, exceto no anticlinório de Hyderabad, onde ultrapassa e se sobrepõe inconformavelmente às formações Kirthar e Lakhi. A secção-tipo situa-se no desfiladeiro do rio Gaj, na cordilheira Kirthar. A parte superior da Formação Nari é maioritariamente arenito castanho, de grão fino a grosseiro, com intercalações de xisto. A parte inferior é constituída por intercalações de calcário arenoso fossilífero cinzento a castanho, arenito calcário e xisto. Em muitos locais, a parte inferior da formação é constituída por calcários cinzentos a castanhos, nodulares, com camadas espessas a maciças, que foram designados como o Membro Nai. A espessura da Formação Nari varia entre 1045 m e 1820 m na zona de Kirthar. Contém uma fauna rica, incluindo equinóides, moluscos, corais, foraminíferos e algas. Alguns dos grandes foraminíferos significativos incluem os ummulites intermedins,

N. Vascus, fiditele, N. Clipens e Lepidocyclina dilatata. A idade da Formação Nari é do Oligoceno ao Mioceno inicial.

4.3.3 MÉTODO DE EXTRACÇÃO

O calcário da formação Nari é muito duro, com uma resistência média à compressão de 85 MPa. Também existe calcário platinado de baixo grau na área de aluguer, com baixa resistência à compressão. Dependendo do grau e da dureza do calcário, a pedreira está dividida em três zonas: Área **A,** Área **B** e Área **C.**

A área A é composta por calcário de baixo grau e o calcário encontra-se num grande banco único que contém 2 bancos intermédios.

A zona C tem 17 bancos, cada banco com 16 metros de altura. Uma única rampa principal percorre toda a zona, ligando as bancadas entre si

A face da pedreira, com uma profundidade de 16 metros, é dinamitada utilizando um padrão de perfuração composto por "espaçamento" (4 metros), ou seja, a distância entre filas de furos perpendiculares à face, e "carga" (3 metros), ou seja, a distância entre filas de furos paralelos à face.

4.3.4 EQUIPAMENTOS DE PERFURAÇÃO

A tonelagem de calcário necessária na Attock cement para o fabrico de cimento é de 10.000 toneladas por dia. Para satisfazer este requisito, cada explosão deve conter 20 000 a 30 000 toneladas de calcário e o processo de perfuração é efectuado durante três dias por semana de trabalho. Isto significa que a máquina de perfuração de lagartas deve ser capaz de perfurar o número de furos que devem fornecer 10.000 toneladas de calcário por dia para o triturador.

Atualmente, é amplamente aceite que as perfuradoras de percussão rotativa (Top-Hammer ou Downhole Hammers) são mais vantajosas e rentáveis para a perfuração de furos de desmonte em pedreiras de calcário.

O equipamento de perfuração selecionado para o presente estudo de caso é o equipamento de perfuração com martelo hidráulico de fundo de furo de última geração **GEMS A GEMROCK 42.** A unidade é fabricada e importada da GEMSA DRILLS, TURQUIA.

Quadro 4.6 **Especificação técnica da máquina de perfuração na Attock Cement.**

Parameter	Specification
Hole Size range	75 mm – 140 mm
Max Hole Depth	40 meters
Operation Weight	6000 kg
Power	72 Hp (54 kw)
Max. Rotational Torque	1500 Nm
Max. Rotational Speed	75 – 90 rpm
Pull Down Force	25000 N
Drill Rod Length	3 meters
Down-hole hammer length	1.1 meter
Type of drive	Hydraulic

4.3.5 ESPECIFICAÇÃO DO COMPRESSOR DE AR

O compressor utilizado na pedreira de calcário Attack é do tipo parafuso rotativo da marca Euro Box XAHS-836CD. É um compressor de dois estágios para serviços pesados com capacidade de fornecimento de ar de 800 pés /m. Este compressor comprime o ar a uma pressão de 12 bar (174 psi). Este compressor estacionário é acionado por motores a diesel, enquanto as outras especificações do mesmo são dadas abaixo.

Tabela 4.7 **Especificações técnicas do compressor da Attack Cement.**

Parameter	Specification
Operating Speed	2100 RPM
Operating Temperature Range	-57 to + 90 C
Engine Power	224 kw
Air service connection ports	Two 1 ¾ "
Mounting type	Four wheel
Rated delivery	800 CFM
Operating pressure	12 bar

4.3.6 AMOSTRAGEM NO TERRENO

Os membros do grupo de tese efectuaram uma amostragem cuidadosamente organizada de amostras de rocha da pedreira de calcário de cimento Lucky. Foram recolhidas 15 amostras de rocha com dimensões aproximadas de 10 cm x 10 cm para o ensaio de dureza Shore. Foram recolhidas 5 pedras de 25 cm x 25 cm (aprox.) para ensaios de compressão uni-axial e ensaios de resistência à tração. Durante a amostragem no local, foi tomado um cuidado imenso para que a amostra de rocha recolhida representasse toda a pedreira.

CAPÍTULO 5

<u>**TRABALHO EXPERIMENTAL**</u>

5.1   INTRODUÇÃO

O comportamento do maciço rochoso é regido pelos defeitos existentes no maciço rochoso. Como o maciço rochoso é, em geral, não homogéneo, as propriedades das amostras recolhidas numa parte do maciço rochoso podem ser diferentes das de outra parte. Por conseguinte, a amostra recolhida deve representar verdadeiramente o maciço rochoso cujas propriedades se pretendem determinar. As amostras recolhidas para ensaios laboratoriais devem ter a forma de grandes blocos provenientes do campo. A partir destes blocos de rocha são preparados provetes para um tipo específico de ensaio. Para a seleção de amostras de rocha do campo, devem ser tomados os seguintes cuidados.

• As amostras de rochas moles devem ser recolhidas com cuidado.

• As amostras de maiores profundidades podem ser obtidas sob a forma de núcleos por perfuração diamantada.

• As amostras recolhidas devem ser marcadas no mapa para indicar a sua posição original e orientação no maciço rochoso de origem.

5.2   PERFURAÇÃO DO NÚCLEO

Este método de perfuração fornece informações lito-lógicas e estruturais, bem como uma amostra para ensaio; no entanto, é geralmente o método mais caro entre os métodos disponíveis para uso geral.

Nos casos em que é necessário efetuar perfurações substanciais para avaliar um depósito, considera-se normalmente uma boa prática perfurar uma determinada percentagem dos furos do programa de perfuração. A percentagem efectiva varia em função do orçamento disponível e do grau de complexidade da geologia, mas normalmente é de cerca de 10%.

As amostras do núcleo oferecem a vantagem de a localização da amostra poder ser definida com precisão e de haver pouca possibilidade de contaminação ou perda de valores, desde que a recuperação seja boa.

No lado negativo, a perfuração com núcleo é dispendiosa e a amostra habitualmente obtida (NX ou BX) é relativamente pequena. Nos casos em que os limites do minério são bastante bem conhecidos, o custo pode por vezes ser reduzido através de perfuração rotativa até perto do limite do minério e depois continuar com a trépano.

5.2.1 MÁQUINA DE PERFURAÇÃO

Geral

Modelo de máquina de perfuração: Mie-0193-2 é utilizada para obter os provetes cilíndricos do bloco rochoso.

Especificação

1. Potência motriz: Por um motor a gasolina (Gasolina)
2. Mudança de velocidade: 2 passos para velocidades baixas e altas
3. Grau de rotação do núcleo:
4. Aparelho de arrefecimento: Bomba de água Sistema

Método de funcionamento

A)   Fixação da máquina:

A máquina está a ser fixada ao solo por meio de espigões de aço colocados nos quatro cantos da máquina, que tocam fortemente no solo.

Apertar firmemente as porcas para fixar a máquina de modo a que esta não se possa mover durante a operação de extração de cortiça, para evitar danos na broca de extração de cortiça.

B)   Posição da broca de perfuração:

Esta máquina é capaz de retirar amostras de vários ângulos, porque é possível ajustar a posição do seu cortador sempre em ângulo reto contra a superfície da qual a amostra está a ser obtida. Para o efeito, desapertar os 4 estabilizadores do ângulo de corte e rodar o regulador do ângulo de corte. Apertar todos os estabilizadores do ângulo de corte após o ajuste do ângulo C) Velocidade de corte:

É recomendável alterar a velocidade de rotação de acordo com a dureza e o diâmetro do cortador. Recomenda-se uma velocidade mais baixa para acionar o cortador de 15 cm, e uma velocidade mais alta para o cortador de 10 cm. A mudança de velocidade deve ser efectuada quando o motor não está em movimento.

D)   Aparelho de arrefecimento:

A água de arrefecimento é reservada num depósito de água situado debaixo do motor. A água é bombeada, à medida que o motor funciona, e enviada para o cortador através da válvula de controlo da água.

E)   Amostragem do provete de ensaio:

Inspecionar a estabilização do cortador, a fixação da máquina, o fornecimento de água de arrefecimento, a rotação do cortador, o estado da superfície para amostragem, etc. Se tudo estiver bem, baixe o cortador, rodando o seu condutor A amostragem deve ser efectuada com muito cuidado

F)   Ajuste do cortador:

O cortador deve ser ajustado enroscando-o na rosca. O sentido de enroscamento é anti-horário e deve ser observado,

G)   Indicador de profundidade:

A altura do indicador de profundidade é ajustável se o seu parafuso de ajuste for desapertado, se for ajustável em relação ao seu indicador, a profundidade de corte é fácil de conhecer,

Cuidado

O contacto inicial do cortador com a superfície do pavimento deve ser feito suavemente, não se deve introduzir o cortador no solo (pavimento) com uma grande força.

A máquina de corte é cravada no solo (pavimento) à medida que vai cortando passo a passo.

5.3 PREPARAÇÃO DA AMOSTRA DE ENSAIO

No laboratório, os provetes de ensaio devem ser preparados a partir da amostra de rocha trazida do campo. A forma e o tamanho do provete dependem do tipo de ensaio a efetuar.

A maioria dos provetes de ensaio de Propriedades Mecânicas são de forma regular (ou seja, cilíndricos). No entanto, os ensaios de resistência à compressão não confinada exigem que o provete seja um cilindro circular direito com um diâmetro não inferior a NX (54 mm) e uma relação comprimento/diâmetro de 2 a 2,5 para evitar a concentração de tensões no momento do ensaio. Os lados do provete devem ser lisos e isentos de irregularidades bruscas. As extremidades do provete devem ser cortadas paralelamente uma à outra e normal ao eixo longitudinal. As extremidades devem ser esmeriladas e polidas. O resultado obtido do ensaio de um único provete pode não representar a propriedade do maciço rochoso. Por conseguinte, para limitar o trabalho de ensaio, devem ser ensaiados pelo menos quatro provetes para obter um valor absoluto.

5.3.1 CORTE

As amostras de rocha são cuidadosamente seleccionadas no local e transportadas para o laboratório para a preparação de amostras de núcleo. Após o processo de extração do núcleo, as amostras são cortadas no tamanho necessário, ou seja, o rácio comprimento/diâmetro de 2 a 2,5 é testado por um disco de corte diamantado. O núcleo é mantido num gabarito para facilitar o manuseamento seguro e é cortado num comprimento que permita o acabamento das faces. O processo de corte do provete é mostrado na Figura 5.1.

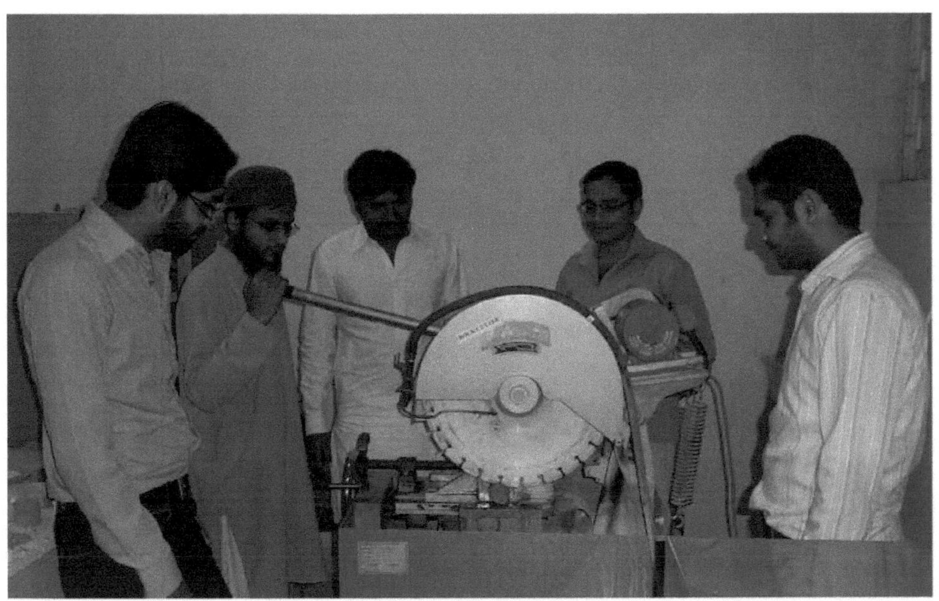

Figura.5.1 Corte do provete (ROCK CUTTER)

5.3. 2POLIMENTO

Normalmente, é efectuada por uma rebarbadora, após a operação de corte, todos os espécimes são levados para a rebarbadora para tornar as extremidades lisas e polidas. Uma rebarbadora mecânica é constituída por cilindros guiados e um painel de controlo eletrónico, que garantem a qualidade do trabalho. O pó de corindo é normalmente utilizado como material abrasivo durante a operação de retificação. Depois de alisar e polir as extremidades do espécime, a preparação final é

foram inspeccionados de acordo com as condições da ISRM (1981) e a integridade condicional do trabalho relativamente aos conceitos de ensaio.

Figura 5.2 Polimento do provete

5.4 RESISTÊNCIA À COMPRESSÃO UNI-AXIAL (UCS)

A UCS é, sem dúvida, a propriedade geotécnica mais frequentemente citada na prática da engenharia de rochas. É amplamente entendida como um índice aproximado que dá uma primeira aproximação da gama de problemas que provavelmente serão encontrados. Numa variedade de problemas de engenharia, incluindo suporte de teto, conceção de pilares e técnica de escavação. Para a maioria dos problemas de projeto de minas de carvão, é suficiente uma aproximação razoável do UCS; isto deve-se, em parte, à elevada variabilidade das medições do UCS. A resistência à compressão uniaxial pode ser descrita como a resistência da rocha, geralmente medida carregando o espécime cilíndrico preparado em compressão até à sua rotura. Deve ser calculada dividindo a carga máxima suportada pelo provete durante o ensaio pela área da secção transversal original. A área da secção transversal "A" é calculada a partir da dimensão do provete.

UCS (δ) = F/A

Onde;

δ=   Resistência à compressão uniaxial da rocha

F = Carga de rotura (isto é, carga máxima suportada pelo provete). A = Área da

secção transversal do provete

Figura.5.3 Teste do UCS pelo UTM

Após a rotura do espécime cilíndrico (Fig. 5.2), foi anotada a carga de rotura para cada espécime. De seguida, a resistência à compressão uniaxial "δ" de cada amostra foi calculada utilizando a fórmula.

5.4.1 APARELHOS

1. Uma máquina de compressão adequada, com capacidade suficiente, capaz de aplicar uma carga axial continuamente a uma taxa de tensão constante e de tal forma que a falha ocorra dentro de cinco a quinze minutos de carga. Em alternativa, a taxa de tensão aplicada deve situar-se entre os limites de 75psi/s (0,5 Mpa/s) e 150psi/s (1,0 MPa/s).

2. Um sistema de medição de carga para indicar a carga aplicada com uma precisão de 1% deve incorporar um dispositivo de indicação máxima. Para que a leitura seja mantida e possa ser registada após a falha do espécime.

3. Os discos de aço na extremidade do provete, com o mesmo diâmetro que o do provete, devem ser esmerilados e a sua planicidade deve ser de, pelo menos, 5/8 in (15mm). A superfície dos discos deve ser rectificada e a sua planicidade deve ser de 0,002 in (0,05mm). A dureza Rockwell do material dos discos deve ser de pelo menos

c 30. Um dos discos, normalmente o superior, deve incorporar um assento esférico para assegurar a aplicação de carga axial à amostra.

4. Um dispositivo adequado para medir a deformação axial da tensão, tal como um compressómetro, um extensómetro de resistência eléctrica, um dispositivo ótico, etc. A conceção do dispositivo de medição deve ser tal que a média das duas medições da deformação axial possa ser determinada para cada incremento de carga. As medições devem ser efectuadas simultaneamente ao longo de duas geratrizes diametralmente opostas, próximas da altura média do provete cilíndrico. O comprimento de medição, ou comprimento do calibre, não deve estender-se na área que está a uma distância de meio diâmetro, ou menos, das extremidades do provete. O comprimento do calibre deve ser, pelo menos, de 10 grãos de diâmetro. A deformação axial deve ser determinada com uma exatidão de 2% da leitura e uma precisão de 0,2% da escala completa.

5.4.2 PREPARAÇÃO DO PROVETE DE ENSAIO

1. O provete deve ser um cilindro circular reto com uma relação comprimento/diâmetro de 2,5 a 3,0 e um diâmetro de preferência de 54 mm. O diâmetro do provete deve estar relacionado com a dimensão do maior grão da rocha numa relação de pelo menos 10:1. As extremidades do provete devem ser paralelas entre si e perpendiculares ao eixo longitudinal.

2. No suplemento anterior são dadas orientações para o manuseamento e armazenamento das amostras e dos provetes, bem como para o método de preparação dos provetes, juntamente com a especificação da tolerância admissível.

3. o diâmetro do provete é medido com uma aproximação de 0,005 on (0,1 mm), calculando a média de dois diâmetros medidos em ângulo reto entre si, aproximadamente à altura superior, à altura média e à altura inferior do provete. O diâmetro médio é utilizado para calcular a área da secção transversal. A altura do provete é determinada com uma aproximação de 0,05 in (1,0 mm).

4. Regista-se a inclinação do leito da foliação em relação ao eixo do provete.

5. O número de provetes ensaiados é determinado por considerações de ordem prática;

no entanto, recomenda-se a utilização de, pelo menos, três provetes para cada amostra.

5.4.3 PROCEDIMENTO DE ENSAIO

1. O espécime é colocado no disco inferior e centrado na plataforma de carga.

2. O compressor está instalado.

3. O disco superior. Com a sede esférica, é colocado no provete e, após um alinhamento cuidadoso de todo o conjunto, é aplicada ao provete uma carga de assentamento equivalente a 1% da resistência uniaxial estimada.

4. A leitura do indicador de força é registada como leitura zero.

5. A taxa de carregamento é definida e a compressão é iniciada.

6. Quando a carga aplicada atinge o nível equivalente a 5% da resistência uniaxial estimada, a carga é temporariamente interrompida e a leitura do indicador de deformação correspondente é registada juntamente com o tempo decorrido. O nível equivalente para um provete com uma resistência uniaxial estimada de 20.000psi e uma área de secção transversal de 3,51 in^2 .seria: 0,005 x 20.000x3,51 = 3510 lb.

7. O passo f (na secção 5.2.1) é repetido para níveis de carga equivalentes a 10, 15, 20, 25, 30, 40, 50 e 60 por cento da resistência uniaxial estimada.

8. A carga é gradualmente libertada até à carga de assentamento e a leitura do indicador de deformação correspondente é registada.

9. O compressómetro é retirado do provete após a carga completa para o proteger de danos.

10. O conjunto de ensaio, sem o compressómetro, é remontado com o cartão adequado para assegurar que tanto a carga axial como a carga de assentamento são reaplicadas.

11. Enrola-se um pano à volta do provete para evitar possíveis ferimentos na operação ou quaisquer danos no aparelho de ensaio provocados por pedras soltas; em alternativa, coloca-se um cilindro de Plexiglas à volta do provete enquanto o conjunto é montado.

12. A taxa de carga é definida e o espécime é comprimido até à rotura.

13. Faz-se um esboço do provete que falhou e anota-se as características da falha do provete.

14) Se for necessário determinar o teor de água, utiliza-se para o efeito o provete

que falhou.

5.4.4 . CÁLCULO

a.   A deformação, correspondente a cada nível de tensão (ou nível de carga equivalente), é obtida multiplicando a deformação aparente pela constante de calibração do compressómetro.

b.   A resistência à compressão uniaxial é calculada do seguinte modo

Qu = Pu/A

Onde:

Pu = a carga máxima suportada pelo provete durante o ensaio e

A = a área da secção transversal original calculada de acordo com a especificação.

5.4.5 COMUNICAÇÃO DOS RESULTADOS

O relatório deve incluir as seguintes informações para cada amostra testada:

a. identificação da amostra (tipo de rocha e origem)

b. Resistência média à compressão uniaxial da amostra

c. Método e data de preparação do espécime, historial de armazenamento do espécime e número de espécimes testados dentro da amostra

d. Informações sobre os ensaios, tais como a data, o tipo de aparelho de ensaio e o dispositivo de medição.

e. Teor médio de água da amostra e grau de saturação, quando este for crítico

f. Qualquer outra observação ou dados físicos disponíveis

Além disso, o relatório deve incluir, sob a forma de uma tabela conveniente, as seguintes informações relativas a cada espécime

1. Identificação do espécime (número do espécime dentro da amostra)

2. diâmetro, altura e área da secção transversal do provete

3. Orientação do eixo do provete em relação à anisotropia, (por exemplo: em relação ao plano de assentamento, à foliação, etc.).

4. Duração do ensaio.

5. Resistência à compressão uniaxial.

6. Notas descritivas sobre as características de rotura do provete, tais como o modo

de forma e o número de fragmentos. Recomendam-se os seguintes termos para descrever as características de rotura de um provete:

i. para a forma de falha:

a. cone

b. Axial

c. Diagonal

d. Paralelo à descontinuidade

e. Sem dados

ii. para o modo de falha:

a. Violento

b. Bastante

c. Sem data

iii. para o número de fragmentos:

a. há de menos

b. mais de três

c. Esmagado

d. Sem dados

7. Teor de água e grau de saturação, quando estes forem críticos

8. Qualquer outra observação relacionada com o espécime.

As folhas de trabalho e as curvas tensão-deformação correspondentes são adequadas para o relatório se apenas for testado um número relativamente pequeno de espécimes.

5.5 DETERMINAÇÃO DA RESISTÊNCIA À TRACÇÃO INDIRECTA

O método mais comum de testar a resistência à tração das rochas é o ensaio de tração indireta, frequentemente designado por ensaio brasileiro. Geralmente, a resistência à tração da rocha é cerca de 8% da sua resistência à compressão (ISRM, 1978)

O espécime é carregado diametralmente sob as placas de carga. Com a aplicação da carga, o disco do provete de rocha é comprimido diametralmente, pelo que são desenvolvidas tensões de tração no centro do provete. O provete falha quando as tensões atingem o seu limite de sustentação. A carga de rotura é registada.

O ensaio direto da resistência à tração de materiais frágeis é, no entanto, muito complexo; este método é utilizado há muito tempo para o ensaio do betão.

Ao contrário dos métodos utilizados para rochas, o início da fissura durante o ensaio do disco brasileiro é o centro da amostra e não nas bordas.

Isto leva a vantagens especiais. Resumidas da seguinte forma:

* Geometria simples
* Pequena influência da qualidade da superfície
* Pequena dimensão da amostra
* Grande volume efetivamente carregado
* Baixa variação

5.5.1 APARELHOS

1. Uma máquina de compressão adequada com capacidade suficiente, capaz de aplicar uma carga de tração continuamente a uma taxa constante e de tal forma que a falha ocorra dentro de cinco a quinze minutos após o carregamento. Alternativamente, a taxa de tensão aplicada deve estar dentro dos limites de 20psi/s (140kpa/s) a 150psi/s (1OOOkpa/s).

2. Um dispositivo de medição de carga para indicar a carga aplicada com uma exatidão de 1 %.

3. Um sistema de pressão com capacidade suficiente para manter a pressão lateral desejada

constante.

4. Célula de compressão na qual o provete é encerrado diametralmente numa membrana flexível impermeável e colocado entre duas placas endurecidas, uma das quais com assento esférico. As placas, com uma parte de diâmetro igual ao do provete, devem ser feitas de aço-ferramenta endurecido até uma dureza Rockwell de pelo menos C 30, as superfícies das placas devem ser rectificadas e a sua planicidade deve ser de 0,0002 pol. (0,005 mm). O aparelho é constituído por um cilindro de alta pressão com

válvula de sobrefluxo, uma base, peças de entrada adequadas para encher o cilindro com óleo hidráulico e aplicar a pressão lateral, bem como mangueiras, manómetros e válvulas, conforme necessário.

5.   Um dispositivo de medição da deformação, como um parafuso micrométrico, um micrómetro com mostrador ou transformadores diferenciais variáveis de revestimento para medir o movimento do pistão (ou seja, a deformação por tração). O dispositivo de medição deve ser graduado para leitura em unidades de 0,0001 pol. (0,0025 mm) e ter uma precisão de 0,0001 pol. (0,0025 mm) em qualquer intervalo de 0,001 pol. (0,025 mm) e de 0,0002 pol. (0,005 mm) em qualquer intervalo de 0,01 pol. (0,25 mm).

6.   Uma membrana flexível de material adequado para excluir o fluido de confinamento do provete. Deve ser suficientemente longa para se estender bem sobre as placas e, quando ligeiramente esticada, deve ter o mesmo diâmetro que o provete de rocha.

5.5.2 PREPARAÇÃO DO PROVETE DE ENSAIO

1.   O provete de ensaio deve ser um cilindro circular reto com uma relação comprimento/diâmetro de 2,0 a 2,5 e um diâmetro de preferência não inferior à dimensão do núcleo NX, aproximadamente 2 1/8 pol. (54 mm), o diâmetro do provete deve estar relacionado com a dimensão do maior grão da rocha numa relação de pelo menos 10:1 as extremidades do provete devem ser paralelas entre si e perpendiculares ao eixo longitudinal.

2.   Orientações para o manuseamento e armazenamento de amostras e espécimes, bem como para o método de preparação de espécimes, juntamente com as especificações de tolerância permitidas.

3.   O diâmetro do provete de ensaio é medido com uma aproximação de 0,005 pol. (0,1 mm). A média de dois diâmetros medidos em ângulos rectos entre si, aproximadamente à altura superior, à altura média e à altura inferior do provete. O diâmetro médio é utilizado para calcular a área da secção transversal. A altura do provete é determinada com uma aproximação de 0,05 in. (1,0 mm).

4.   Regista-se a inclinação do leito ou da foliação em relação ao eixo do provete.

5.   O número de espécimes ensaiados é determinado por considerações práticas, considera-se boa prática efetuar dois ensaios de espécimes essencialmente idênticos a duas pressões de confinamento diferentes ou um único ensaio a nove pressões de confinamento diferentes que abranjam a gama investigada, sendo o mínimo necessário dois espécimes de cada amostra ensaiados a duas pressões de confinamento diferentes.

5.5.3 PROCEDIMENTO

1.   A amostra com a membrana flexível sobre ela é colocada entre as placas inferior e superior, e os selos acima da membrana são instalados à volta das placas. Todo o conjunto é então cuidadosamente centrado e alinhado dentro do cilindro de alta pressão e o pistão é inserido.

2.   A célula de tração indireta está centrada na plataforma de carga da máquina de compressão, o dispositivo de medição da deformação está posicionado e as linhas de pressão hidráulica estão ligadas e, enquanto a válvula de descarga é mantida aberta, a célula é enchida com óleo,

3.   Uma pequena carga de tração de aproximadamente 25 lb (11 IN) é aplicada ao pistão através do dispositivo de carga para assentar corretamente as peças de suporte do conjunto e, depois de fechar a válvula de descarga, é feita uma leitura inicial no dispositivo de deformação.

4.   A pressão lateral do fluido é aumentada lentamente até ao nível de ensaio predeterminado e, ao mesmo tempo, é aplicada uma carga de tração, suficiente para evitar que o dispositivo de medição da deformação se desvie da leitura inicial. Quando o nível de ensaio pré-determinado

5.   Quando a pressão do fluido é atingida, a carga de tração registada pelo dispositivo de carga é registada como a carga zero ou inicial do ensaio.

6.   A taxa de carregamento da máquina de compressão é definida e o carregamento é iniciado.

7.   A carga de tração é aplicada continuamente e sem choque até as cargas se tornarem

constante, ou reduzir, ou uma quantidade pré-determinada de tensão de tração é atingida. A pressão de confinamento predeterminada é mantida constante durante todo o ensaio.

8.	As leituras da carga de tração, correspondentes a cada nível de deformação de tração de 0,005 in (0,01 mm), são registadas durante todo o ensaio, juntamente com as leituras de tempo.

9.	A carga de tração e a pressão de confinamento são simultânea e lentamente libertadas e o conjunto é desmontado, a membrana flexível é cortada longitudinalmente e é feito um esboço do provete que falhou ou uma nota das características de falha do provete.

10.	Retira-se uma amostra do provete que falhou para determinar o teor de água e o grau de saturação de acordo com as especificações dadas nos suplementos anteriores.

5.5.4 CÁLCULO

A resistência à tração indireta de uma substância pode ser obtida através da relação entre a multiplicação da carga de rutura por 2 e a multiplicação da constante (71) pelo diâmetro e espessura do provete.

A resistência à tração deve ser calculada pela seguinte fórmula:

ot = 2P/DT

Onde;

σt= resistência indireta à tração.

P = carga de rutura.

D = diâmetro do provete (disco).

T = espessura do disco do provete.

5.5.5 COMUNICAÇÃO DOS RESULTADOS

O relatório deve incluir as seguintes informações para cada amostra testada.

a.	identificação da amostra (tipo de rocha e origem)

b.	curvas tensão-diferença versus deformação de tração.

c.	Círculo de tensão de Mohr, ângulo de atrito e interceção de coesão.

d.	diâmetro e altura do provete

e.   teor médio de água e grau médio de saturação dos provetes

f.   historial de armazenamento e ambiental da amostra

g.   método e data de preparação do provete e historial de armazenamento do provete h. Informações sobre os ensaios, tais como a data, o tipo de aparelho de ensaio e a velocidade de ensaio i. Quaisquer outras observações ou dados físicos disponíveis.

Além disso, o relatório deve incluir, sob a forma de uma tabela conveniente, as seguintes informações relativas a cada espécime

1.   Identificação do espécime (número do espécime dentro da amostra)

2.   Diâmetro, altura e área da secção transversal do provete

3.   Orientação do eixo do provete em relação à anisotropia (por exemplo, em relação ao plano de assentamento, à foliação, etc.)

4.   Duração do ensaio

5.   Teor de água e grau de saturação

6.   Pressão de confinamento

7.   Força e tensão máximas

8.   Notas descritivas sobre as características da falha, tais como a forma e o modo de falha e o número de fragmentos.

9.   Qualquer outra observação relacionada com o espécime.

5.6 PREPARAÇÃO DO PROVETE PARA O ENSAIO DE DUREZA SHORE

Para a preparação dos espécimes, as amostras são retiradas de diferentes locais, nomeadamente do cimento Lucky, do cimento Al-Abbas e da pedreira de cimento Attock. Estas amostras são preparadas no laboratório por meio de um cortador e de um triturador. Em primeiro lugar, as amostras são cortadas nos sítios necessários com 2 cm. O ensaio de dureza Shore requer faces lisas do espécime para obter melhores resultados. Se as faces não forem lisas, devem ser alisadas com uma rebarbadora.

5.7 DETERMINAÇÃO DA DUREZA SHORE

A dureza Shore é uma medida da resistência do material à indentação por 3 indentadores com mola. Quanto mais elevado for o número, maior é a resistência. A dureza Shore é determinada pelo seguinte processo (Fig. 5.3): antes de operar o aparelho de teste, ajustar o nível do corpo principal (3) através do parafuso de ajuste do nível (2) com a haste de observação do nível (1), depois colocar a amostra de teste na mesa (4) e fixar a amostra de teste rodando o botão de controlo (5) no sentido contrário ao dos ponteiros do relógio com pressão suficiente. (A pressão de aperto normal é de cerca de 20 kg). O martelo de diamante cai e rebate na superfície do provete quando se roda o botão de operação (6) no sentido dos ponteiros do relógio com a mão direita. O ponteiro da escala de indicação (7) mostra o número de dureza shore quando se volta o botão de operação (6). O teste não deve ser feito mais do que uma vez no mesmo local, e não deve ser inclinado para o mesmo lado do objetivo de teste. Deixar também um espaço de mais de duas vezes o diâmetro de penetração no ponto de ensaio seguinte. Devido ao processo de endurecimento, não é possível obter o valor correto da dureza, pelo que se sugere a realização de 4-5 vezes de ensaio, alterando os pontos de penetração e obtendo o valor médio.

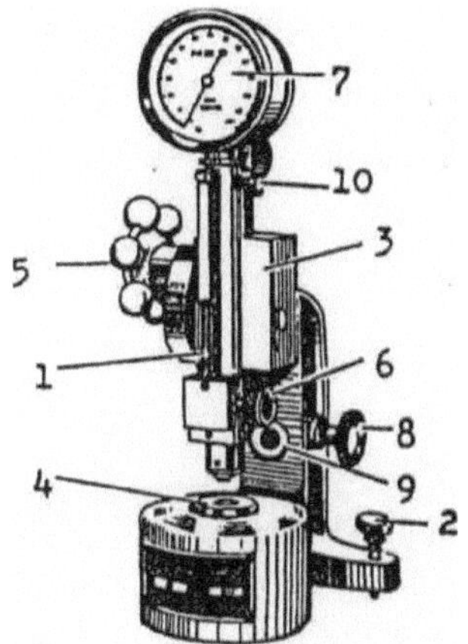

1. Barra de nível
2. Parafuso de ajuste de nível
3. Corpo principal
4. Tabela
5. Botão de controlo
6. Botão de funcionamento

7. Escala de indicação

8. Punho fixo Butt Gage

9. Orifício para calibre de topo

10. Medidor com mostrador Parafuso fixo

Figura.5.4 Medidor de dureza Shore

CAPÍTULO 6

RESULTADOS E CONCLUSÕES

6.1 ANÁLISE DA TAXA DE PENETRAÇÃO

A velocidade de penetração (ROP) é um parâmetro essencial para o cálculo da capacidade de perfuração. Provocar a rotura da rocha durante a perfuração é uma questão de aplicar uma força suficiente com uma ferramenta que exceda a resistência da rocha.

Esta resistência à penetração da rocha é designada por resistência à perfuração, uma propriedade empírica; não é equivalente a nenhum dos parâmetros de resistência conhecidos. Define-se como a distância perfurada (metros) por unidade de tempo (minuto).

Os factores que podem afetar a taxa de penetração (ROP) são os seguintes

1.   Propriedades das rochas

a)   Resistência à compressão

b)   Dureza e abrasividade

c)   Elasticidade (frágil ou plástica)

d)   Porosidade e Permeabilidade

e)   Possibilidade de perfuração com arco de instuição

2.   Factores mecânicos

a)   Peso na broca

b)   Velocidade de rotação

c)   Tipo de bit

3.   Propriedades da lama

a)   Densidade

b)   Viscosidade

A taxa de penetração é obtida pela broca. Para determinar a ROP, o nosso grupo de tese visitou vários locais, nomeadamente Lucky cement, Al-Abbas cement e Attock

Cement limited. Para efeitos da tese, observámos a ROP no local. Fomos ao local e registámos o tempo inicial e final com a ajuda de um cronómetro e de um relógio de pulso. O mesmo procedimento foi aplicado em todos os locais.

6.1.1 PEDREIRA DE CIMENTO DA SORTE

A análise da taxa de penetração (ROP) da lucky cement ltd é apresentada em seguida:

Tabela.6.1 **Taxa de penetração analisada na Lucky cement ltd.**

HOLE ID	STARTING TIME	STOPPING TIME	TIME ELAPSED	METER DRILLED
2 JULY 01	10:25AM	10:40AM	15 MIN	17 METERS
2 JULY 02	10:56AM	11:17AM	26 MIN	19 METERS
7 JULY 03	11:05AM	11:23AM	18 MIN	21 METERS
14 JULY 04	10:26AM	10:42AM	16 MIN	17 METERS
15 JULY 05	11:50AM	12:06PM	20 MIN	12 METERS
TOTAL			95 MIN	80 METERS

A ROP média é calculada da seguinte forma:

ROP = distância total perfurada (metros) / tempo total decorrido

= 80 metros / 86 min

= 0,84 metros/min

ou seja, 50,5 metros/hora

1.1.2 PEDREIRA DE CIMENTO AL-ABBAS

A análise da taxa de penetração (ROP) da Al-Abbas cement ltd é apresentada a seguir:

Tabela.6.2 Taxa de penetração analisada na Ai-Abbas cement ltd.

HOLE ID	STARTING TIME	STOPPING TIME	TIME ELAPSED	METER DRILLED
3 NOV 01	11:20AM	11:34AM	14 MIN	11 METERS
3 NOV 02	12:16PM	12:33PM	17 MIN	13 METERS
4 NOV 03	11:05AM	11:20AM	15 MIN	10 METERS
4 NOV 04	11:26AM	11:41AM	15 MIN	12 METERS
4 NOV 05	11:50AM	12:06PM	16 MIN	12 METERS
TOTAL			77 MIN	58 METERS

A ROP média é calculada da seguinte forma:

ROP = distância total perfurada (metros) / tempo total decorrido = 58 metros / 77 min = 0,75 metros/min

i.e45   metros / hora

6.1.3 PEDREIRA DE CIMENTO DE ATTOCK

A análise da taxa de penetração (ROP) da Attock cement ltd é apresentada a seguir;

Tabela.6.3 Análise da taxa de penetração na Attock cement ltd.

HOLE ID	STARTING TIME	STOPPING TIME	TIME ELAPSED	METER DRILLED
10 NOV 01	10:23AM	10:59AM	36 MIN	7 METERS
11 NOV 02	10:35AM	11:18AM	43 MIN	8 METERS

12 NOV 03	10:15AM	10:57AM	42 MIN	7 METERS
13 NOV 04	10:26AM	11:02AM	36 MIN	6 METERS
14 NOV 05	10:30AM	11:10AM	40 MIN	7 METERS
TOTAL			197 MIN	35 METERS

A ROP média é calculada da seguinte forma:

ROP = distância total perfurada (metros) / tempo total decorrido

$$= 35 \text{ metros } / 197 \text{ min}$$

$$= 0{,}18 \text{ metros/min}$$

i.e10   **,8 metros _I_ hora**

6.2   RESULTADOS DOS ENSAIOS DE COMPRESSÃO UNIAXIAL

Os ensaios de resistência à compressão uniaxial dos espécimes de rocha calcária são calculados dividindo a carga máxima suportada pelo espécime (ou seja, a carga de rutura) durante o ensaio, pela área original da secção transversal. Três amostras recolhidas em três locais diferentes, nomeadamente a pedreira de calcário de Lucky, a pedreira de calcário de Al-Abbas e a pedreira de calcário de Attock, foram testadas para determinar a UCS do calcário.

Os cálculos dos resultados são apresentados a seguir.

ENSAIO NO.OI <u>(pedreira de cimento LUCKY)</u>

DADOS

Diâmetro do provete (d) = 4,7cm=   0,047m

Comprimento do provete (1) = 11,5cm = 0,115m

Carga de rotura do provete (P) = 112710 N

CÁLCULO

De acordo com a fórmula,

Área da secção transversal do provete = A

$$A= \frac{\pi}{4} * d^2$$

$$A= 3.14/4 * 0.047^2$$

$$A= 0,001734 \ m^2$$

Agora, de acordo com a fórmula da UCS,

$$UCS \ (\sigma) = Carga/Área$$

$$\sigma= 112710 / 0.001734$$

$\sigma = 65 \ MPa$

ENSAIO N.º 02 <u>(PEDREIRA DE CIMENTO DE AL -ABBAS)</u>

DADOS

Diâmetro do provete (d) - 4,7cm= 0,047m

Comprimento do provete (1) =11,5cm = 0,115m

Carga de rotura do provete (P) = 100572N

CÁLCULO

De acordo com a fórmula,

Área da secção transversal do provete = A

$$A= \frac{\pi}{4} * d^2$$

$$A= 3.14 /4 * 0.047^2$$

$$A= 0,001734 \ m^2$$

Agora, de acordo com a fórmula da UCS,

$$UCS \ (\sigma) = Carga/Área$$

$$\sigma = 100572/0,001734$$

$\sigma = 58 \ MPa$

ENSAIO N.º 03 <u>(PEDREIRA DE CIMENTO DE ATTOCK)</u> DADOS

Diâmetro do provete (d) - 4,7cm= 0,047m Comprimento do provete (1) = 11,5cm = 0,115m Carga de rotura do provete (P) = 100572N

CÁLCULO

De acordo com a fórmula, a área da secção transversal do provete = A

$$A = \frac{\pi}{4} * d^2$$

$$A = 3.14/4 * 0.047^2$$

$$A = 0,001734 \ m^2$$

Agora, de acordo com a fórmula do UCS, UCS (σ) = Carga/Área σ

$$\underline{=147390/0,001734}$$

σ = 85 MPa

Tabela.6.4 Resultados dos ensaios UCS de calcário

Test No.	Length cm / (m)	Diameter cm / (m)	X-sectional Area (m²)	Failure Load (N)	UCS σ_c MPa
01 **Lucky Cement**	11.5 (0.115)	4.7 (0.047)	0.001734	112710	**65**
02**Al-Abbas** **Cement**	11.5 (0.115)	4.7 (0.047)	0.001734	100572	**58**
03 **Attock Cement**	11.5 (0.115)	4.7 (0.047)	0.001734	147390	**85**

6.3   RESULTADOS DOS ENSAIOS DE RESISTÊNCIA À TRACÇÃO INDIRECTA

A resistência à tração da amostra de rocha calcária é calculada de acordo com a seguinte fórmula

Resistência à tração (σ_t) = 2P / πDt

Onde;

σ_t =resistência à tração

P= Carga de falha

D= diâmetro do provete (disco) t= espessura do provete

ENSAIO NO.O1 <u>(pedreira de cimento LUCKY)</u>

DADOS

Diâmetro do provete (D) = 4,7cm = 0,047m

Espessura do provete (t) - 2,5cm - 0,025m

Carga de rutura (P)   = 22.148KN

CÁLCULO

De acordo com a fórmula

Resistência à tração = $\sigma_t = 0,636\ P / D * t$

$$\sigma_t = 0,636 * 22,148 / 0,047 * 0,025$$

$$\sigma_t = 11988,19\ KPa$$

$$\sigma_t = \mathbf{11,98\ MPa}$$

ENSAIO NO.O1 <u>(AL -ABBAS CEMENT QUARRY)</u>

DADOS

Diâmetro do provete (D) = 4,7cm = 0,047m

Espessura do provete (t) = 2,5cm = 0,025m

Carga de rutura (P)   = 23,847KN

CACULAÇÃO

De acordo com a fórmula

Resistência à tração = σ_t $= 0,636\ P / D * t$

$$\sigma_t = 0,636 * 23,847 / 0,047 * 0,025$$
$$\sigma_t = 12907,823\ KPa$$

$$\sigma_t = \mathbf{12,908\ MPa}$$

ENSAIO N.º 03 <u>(PEDREIRA DE CIMENTO DE ATTOCK)</u>

DADOS

Diâmetro do provete (D) - 4,7cm - 0,047m

Espessura do provete (t) - 2,5cm - 0,025m

Carga de rutura (P)   = 38,799KN

CACULAÇÃO

De acordo com a fórmula

Resistência à tração = σ_t = 0,636 P / D * t

$$\sigma_t = 0,636 * 38,79910,047 * 0,025$$

$$\sigma_t = 21000,99 \ KPa$$

$$\sigma_t = \mathbf{21MPa}$$

Tabic.6.5 Resultados da resistência à tração do calcário

Test No.	Thickness cm / (m)	Diameter Cm / (m)	Failure Load (KN)	Tensile Strength σ_t MPa
01 Lucky Cement	2.5 (0.025)	4.7 (0.047)	22.148	**11.98**
02 Al-Abbas Cement	2.5 (0.025)	4.7 (0.047)	23.847	**12.91**
03 Attock Cement	2.5 (0.025)	4.7 (0.047)	38.799	**21.00**

6.4 RESULTADOS DO ENSAIO DE DUREZA SHORE

A dureza Shore tem de ser determinada pelo instrumento de teste de dureza Shore que é mostrado na fig. 5.7. Em primeiro lugar, as amostras são retiradas de diferentes locais, nomeadamente do cimento lucky, do cimento Al-Abbas e da pedreira de cimento Attack. Os espécimes com 2 cm de espessura foram preparados no laboratório por meio de um cortador e de um moinho a partir de cada amostra dos locais.

Tabela.6.6 **Valores do ensaio de dureza Shore**

ITERATIONS	LUCKY CEMENT		AL-ABBAS CEMENT		ATTOCK CEMENT	
	Side1	Side	Side1	Side2	Side1	Side2
01	20	28	43	45	54	47
02	31	31	46.5	48	57	49
03	26	08	46	39	47	42
04	35	36.5	53.5	35	49	40
05	38	47	46	37	63	51
06	46	32.5	47	24	46	43
07	33	42.5	38	36	49	57
08	21	14.5	22.7	31	52	58
09	28	23	36.5	35	51	52
10	10	32	39	37	58	54
11	16	39	39	47	48	42
12	34	31	39.5	49	53	40
13	43	32	41	51	52	42
14	45	31	46.4	47	51	49
15	46	39	44.5	52	62	60
16	31.5	46	48.3	53	44	61
17	33	34.5	45.9	54	50	57
18	35	33	51	55	52	52
19	34.5	42	42.5	52	57	54
20	23	32	36	45	52	42
21	19	22	47.7	48	48	40
22	22	29	45	51	61	41
23	29	29	36.5	37	42	56
24	29.5	21	43	51	40	42
25	28	38	44	48	48	47
26	24	40	46.5	51	51	52
27	26	35.5	46	40	51	61
28	33	36	41	40	54	63
29	38	34.5	48	42	63	42
30	45	33	53.5	43	57	41
AVERAGE	**30.75**	**32.42**	**43.45**	**44.10**	**52.06**	**49.23**

Tabela 6.7 **Número médio de dureza shore por amostra**

SAMPLE ID	AVERAGE SHORE HARDNESS NUMBER
LUCKY CEMENT LIMESTONE	31.58
AL-ABBAS CEMENT LIMESTONE	43.77
ATTOCK CEMENT LIMESTONE	50.64

6.5 RESUMO DAS PROPRIEDADES MECÂNICAS DE TODAS AS AMOSTRAS

Quadro 6.8 **Resumo das propriedades mecânicas**

Sr. No	Sample ID	UCS (MPa)	Tensile Strength (MPa)	Shore Hardness No.	Rate of Penetration meters/hour
1	Lucky cement	65	11.98	31.58	50.5
2	Al-Abbas cement	58	12.91	43.77	45
3	Attock cement	85	21.00	50.64	10.8

6.6 GRÁFICOS DE CORRELAÇÃO

A capacidade de perfuração da rocha manifesta-se devido a várias propriedades mecânicas da rocha. A avaliação da capacidade de perfuração ou penetrabilidade é uma questão muito séria para os fabricantes e operadores de equipamento de perfuração. Infelizmente, não existe um método direto de medição da capacidade de perfuração, mas esta pode ser medida através da correlação empírica de várias propriedades mecânicas das rochas. Os resultados obtidos no trabalho experimental (Capítulo 5) são apresentados neste capítulo nas secções 6.1 a 6.5. Utilizando os dados acima referidos, foram desenvolvidos os seguintes modelos empíricos para a previsão aproximada da velocidade de penetração.

Tabela 6.9 **Correlação entre UCS e ROP**

	Lucky cement	Al-Abbas cement	Attock cement
UCS (MPa)	65	58	85
Rate of Penetration (meter/hour)	50.5	45	10.8

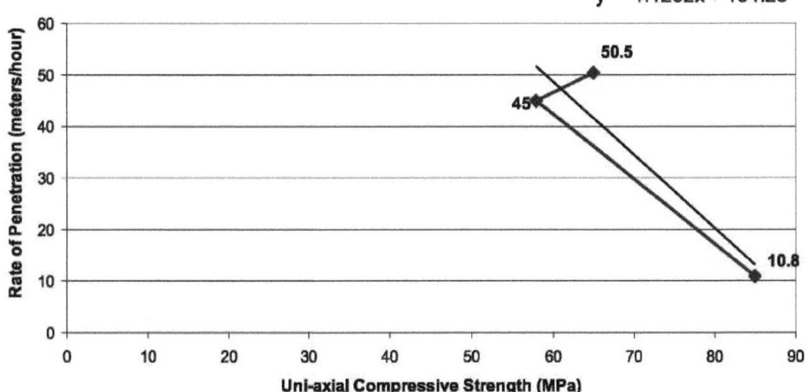

Figura 6.1 Correlação entre UCS e ROP

Tabela 6.10 **Correlação entre a resistência à tração e a ROP**

	Lucky cement	Al-Abbas cement	Attock cement
Tensile Strength (Mpa)	11.98	12.91	21
Rate of Penetration (meter/hour)	50.5	45	10.8

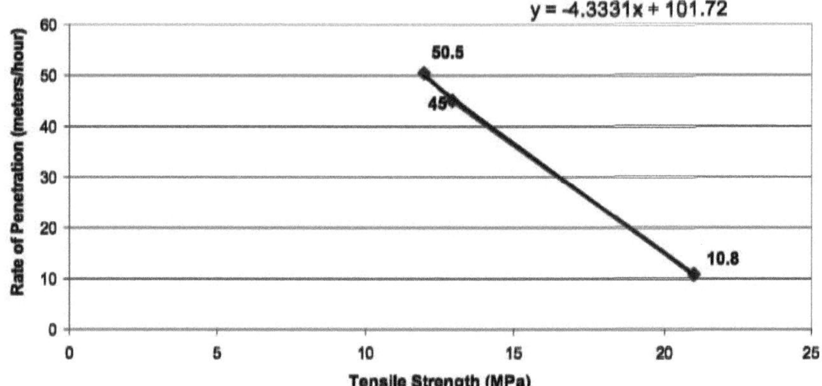

Figura 6.2 Correlação entre a resistência à tração e o ROP

Tabela 6.11 **Correlação entre a dureza Shore e o ROP**

	Lucky cement	Al-Abbas cement	Attock cement
Shore Hardness No.	31.58	43.77	50.64
Rate of Penetration (meter/hour)	50.5	45	10.8

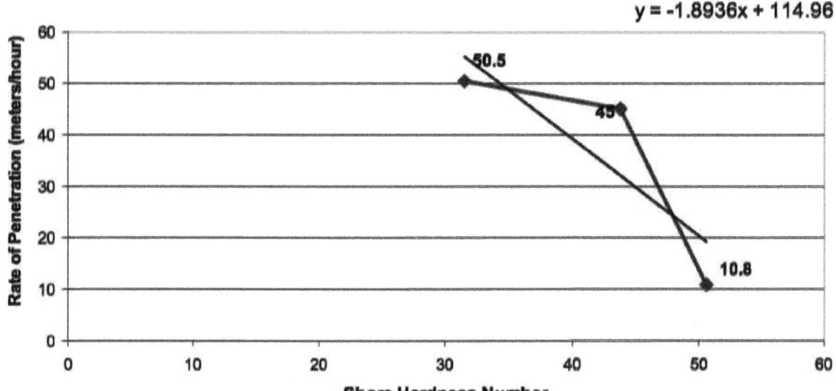

Figura 6.3 Correlação entre a dureza Shore e o ROP

6.7 CONCLUSÃO

No presente estudo, foram feitas tentativas para correlacionar a taxa de penetração nas rochas com diferentes propriedades mecânicas.

Os dados experimentais permitiram tirar as seguintes conclusões:

1. As amostras de calcário obtidas dos três locais diferentes foram analisadas quanto à resistência à compressão uniaxial, resistência à tração e número de dureza Shore.

2. O ensaio de resistência à compressão mostra que as três rochas se enquadram na categoria de **rocha dura média.**

3. Entre estas três amostras, o calcário da Attack Cement é considerado o mais duro, com UCS (85 MPa), resistência à tração (21 MPa) e maior valor de dureza Shore (50,64)

4. A partir dos dados obtidos, foram desenvolvidos modelos de correlação para prever a velocidade de penetração de um equipamento de perfuração com as seguintes características

Parameter	Specification
Hole Size range	75 mm – 140 mm
Max Hole Depth	40 meters
Power	72 Hp (54 kw)
Max. Rotational Torque	1500 Nm
Max. Rotational Speed	75 – 90 rpm
Pull Down Force	25000 N
Type of drive	Hydraulic

5. As três equações de correlação são as seguintes

  i. UCS v/s ROPy $\qquad\qquad$ **= -1,4252 x + 134,25**

ii.   Resistência à tração v/s ROPy   = -4,3331 x + 101,72

iii.   Dureza Shore v/s ROPy   = -1,8936 x + 114,96

6. a   partir das curvas de correlação acima, podemos prever a taxa de penetração do equipamento de perfuração acima em qualquer rocha se o UCS, a resistência à tração e o número de dureza Shore forem conhecidos com algum desvio padrão.

7)   Por exemplo, se uma rocha tiver os seguintes parâmetros mecânicos:

   i.   UCS30   MPa

   ii.   Resistência à tracção9   ,5 MPa

   iii.   Dureza Shore n.º   35

Então, a taxa de penetração será:

UCS: y=-1 .42525 (30) + 134.2591   .49

Tração: y=-4 ,3331 (9,5) + 101,7266   ,55

Dureza Shore: y = -1,8936 (35) + 114,9648   ,68

A taxa média de penetração será de **66,91 metros / hora**

6.8 RECOMENDAÇÕES

1.   A fiabilidade das equações acima referidas para a previsão da taxa de penetração para equipamentos de perfuração específicos é muito limitada.

2.   Apenas algumas amostras foram analisadas para os parâmetros UCS e resistência à tração devido à disponibilidade parcial das instalações de ensaio.

3.   O ensaio de mais amostras pode aumentar a capacidade das equações do modelo de previsão e reduzir os erros de desvio padrão.

4.   O trabalho experimental desta tese pode ser alargado para obter uma equação universal para a previsão da taxa de penetração.

REFERÊNCIAS

- Hardy, H.R. "Standard procedures for determination of the physical properties of mine rock under short period uni axial compression"; relatório não publicado da divisão de combustíveis. FRL-242; 1957.

- "Standard method of test for elastic moduli of rock specimen in uni axial compression"; Designação; D 3148 - 72; American Society for testing and materials; Annual book of ASTM standards; 1974.

- "Standard method of test for tri axial compressive strength of undrained rock core specimens without pore pressure measurements"; Designação ; D 2664-67; Sociedade Americana de Ensaios e Materiais; anual das normas ASTM; 1974.
- "Introduction of mining engineering" de Howard L. Hartman, segunda edição.
- "Elements of mining engineering" de Lewis, segunda edição.
- "Rock mechanics" de B.H Braddy e E.T brown, segunda edição.
- B. Ghosh, "Concise mining manual", publicado por Bani Prakashan, Dhandad (Bihar) 1989
- Ruth F. Weiner e Robin A. Matthews, "Enviromental Engineering", Copyright 2003, Elsevier Science USA.
- SME Handbook of Mining Engineering.

yes **I want** morebooks!

Buy your books fast and straightforward online - at one of world's fastest growing online book stores! Environmentally sound due to Print-on-Demand technologies.

Buy your books online at
www.morebooks.shop

Compre os seus livros mais rápido e diretamente na internet, em uma das livrarias on-line com o maior crescimento no mundo! Produção que protege o meio ambiente através das tecnologias de impressão sob demanda.

Compre os seus livros on-line em
www.morebooks.shop

Printed by Books on Demand GmbH, Norderstedt / Germany